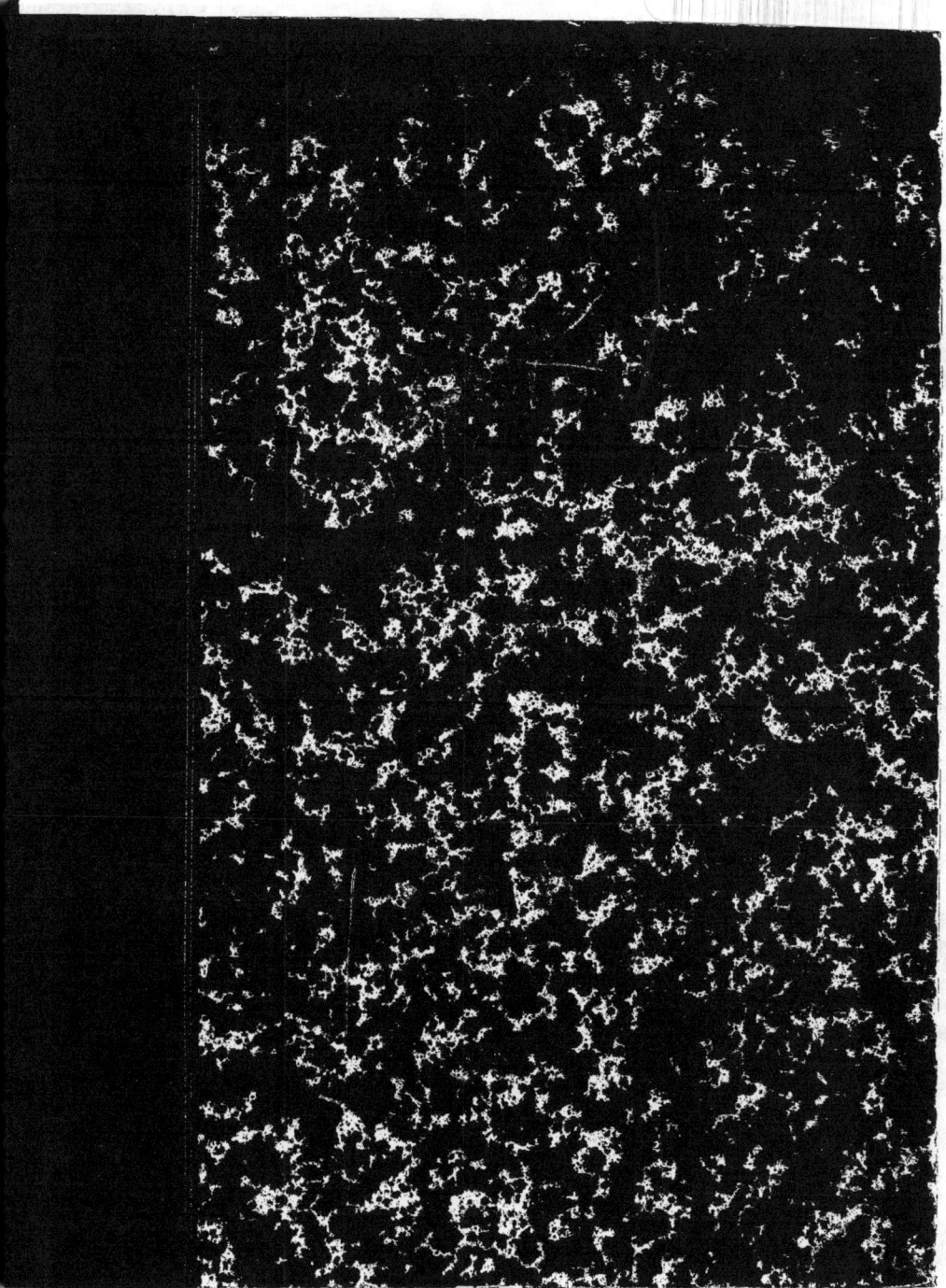

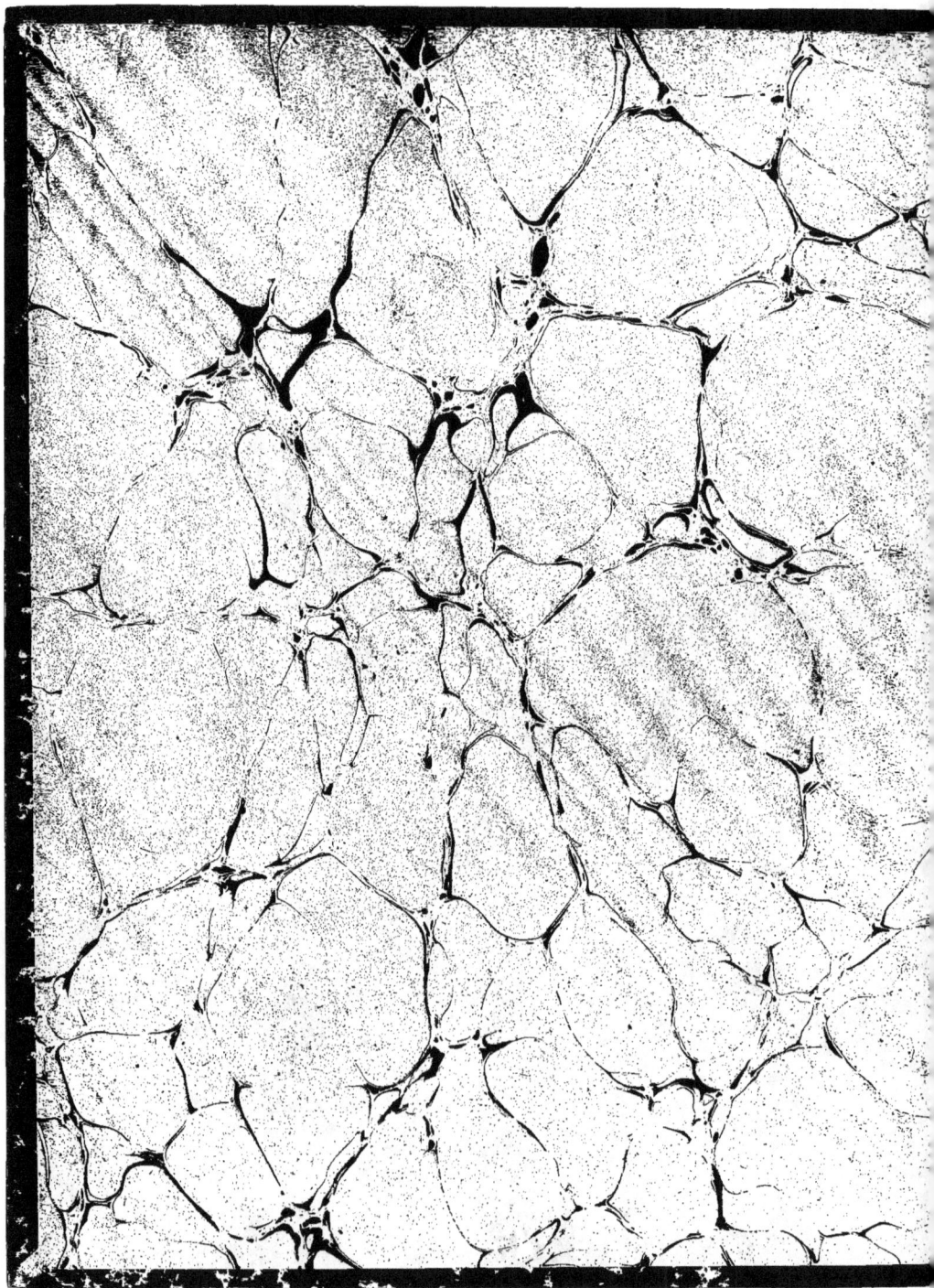

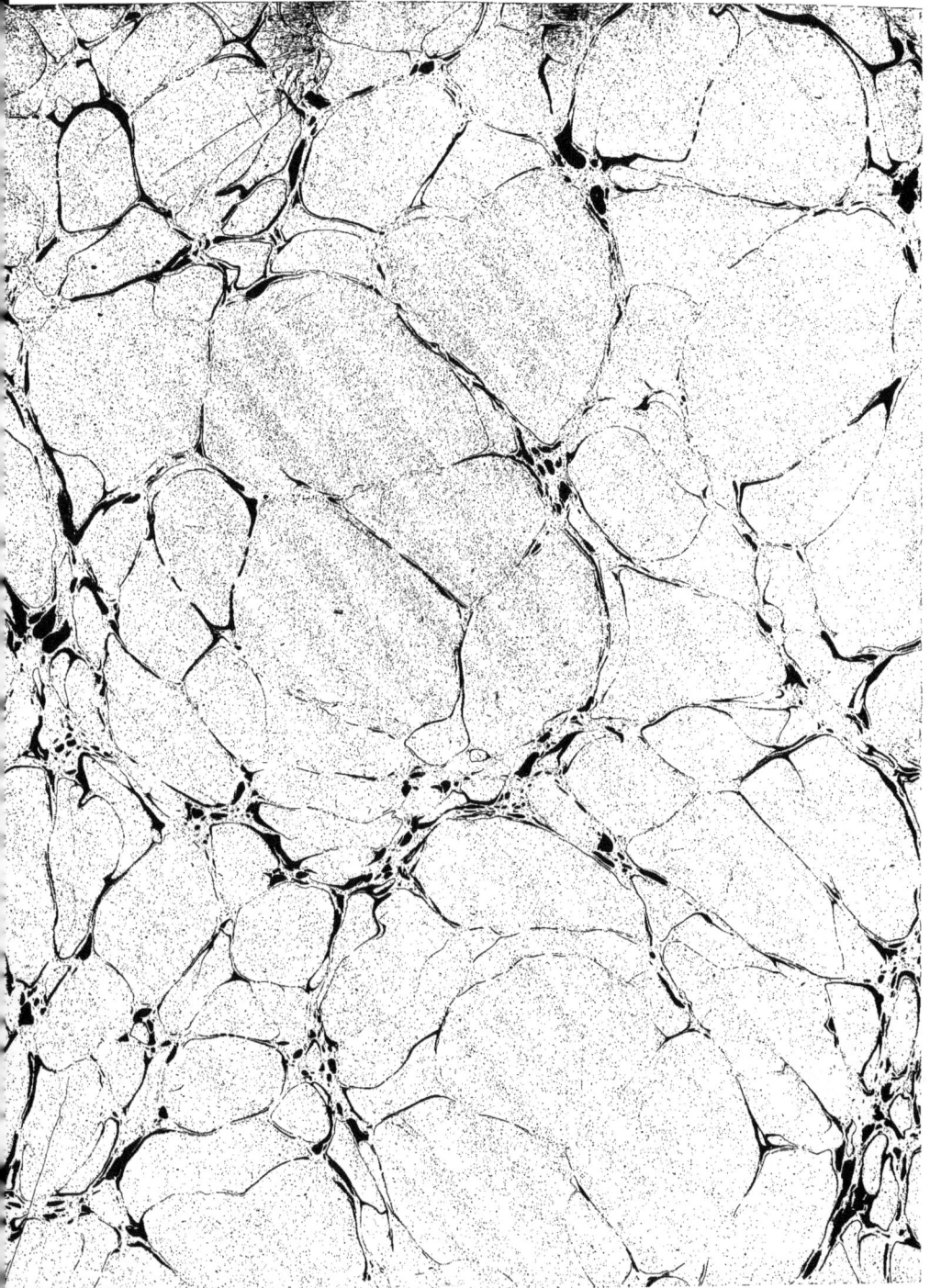

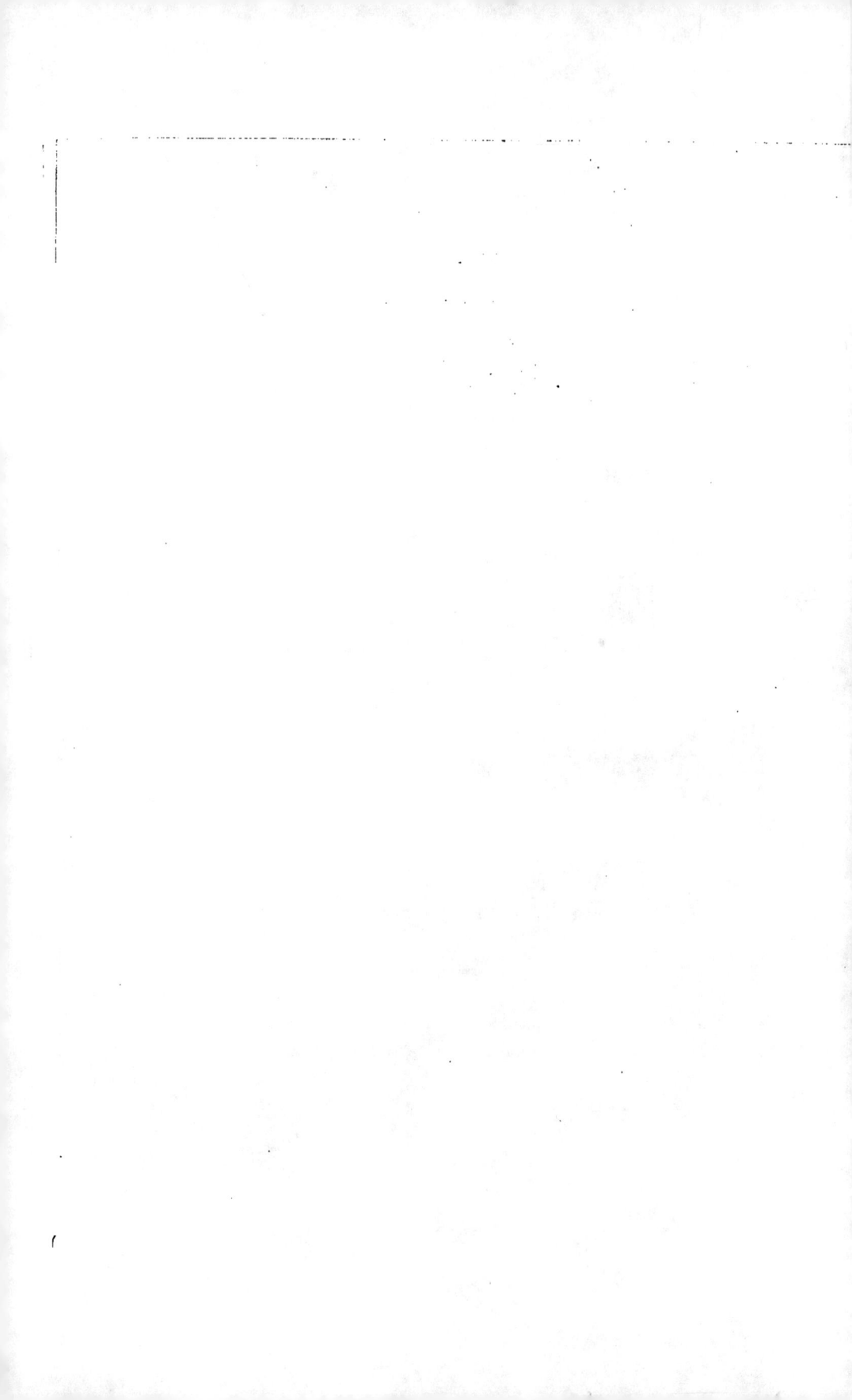

Paris, le                    189  .

*Construction Mécanique*

L'exemplaire du dépôt légal, livré au bureau des entrées de la Bibliothèque nationale par le Ministère de l'Intérieur, est incomplet de :

*1 vol. in — 4º avec 1 vol. et 17 planches.*

*B. Buchette, Ingénieur Civil Bould St Germain, 92.*

*Conserver la Couverture*

429

# LA CONSTRUCTION MÉCANIQUE

# ÉLÉMENTS

BOIS — FONTE — FER — ACIERS ET TREMPE DES OUTILS

MÉTAUX DIVERS ET ALLIAGES

TRAVAIL DES MÉTAUX — OUTILS — MACHINES-OUTILS

ORGANES ÉLÉMENTAIRES :

RIVURES — BOULONS — CLAVETTES

APPENDICE :

MATIÈRES DIVERSES

PAR

## J. BUCHETTI

Ingénieur civil

E. C. PARIS — A. M. AIX

EX-CONSTRUCTEUR

Ouvrage contenant 80 figures et 17 planches

DONT UNE EN COULEURS

PRIX : 12 FRANCS

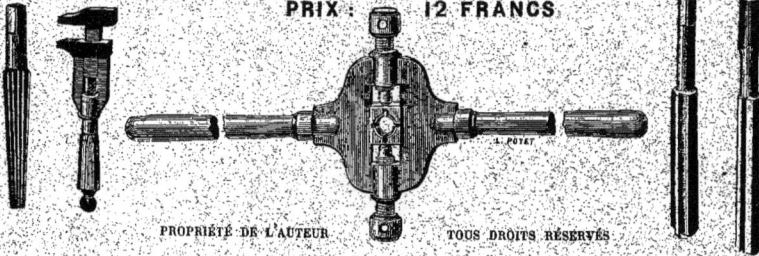

J. POYET

PROPRIÉTÉ DE L'AUTEUR          TOUS DROITS RÉSERVÉS

### CHEZ L'AUTEUR

92, BOULEVARD SAINT-GERMAIN (CLUNY)

PARIS

1891

LA CONSTRUCTION MÉCANIQUE

---

# ÉLÉMENTS

# LA CONSTRUCTION MÉCANIQUE

# ÉLÉMENTS

BOIS — FONTE — FER — ACIERS ET TREMPE DES OUTILS

MÉTAUX DIVERS ET ALLIAGES

TRAVAIL DES MÉTAUX — OUTILS — MACHINES-OUTILS

**ORGANES ÉLÉMENTAIRES :**

RIVURES — BOULONS — CLAVETTES

**APPENDICE :**

MATIÈRES DIVERSES

PAR

## J. BUCHETTI

Ingénieur civil

E. C. PARIS — A. M. AIX
EX-CONSTRUCTEUR

Ouvrage contenant 80 figures et 17 planches

DONT UNE EN COULEURS

PRIX : 12 FRANCS

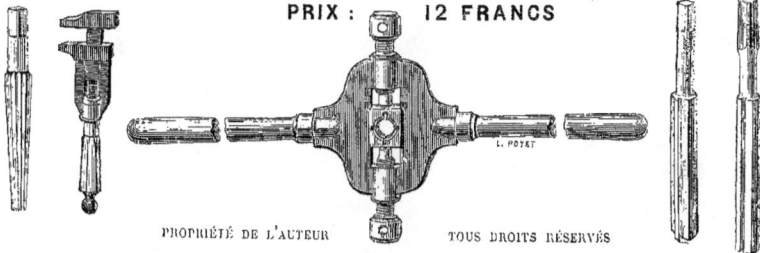

L. POYET

## CHEZ L'AUTEUR

92, BOULEVARD SAINT-GERMAIN (CLUNY)

PARIS

1891

© C.

# PRÉFACE

Ce nouvel ouvrage, que nous présentons aux mécaniciens, sous le titre général : *la Construction mécanique*, comprendra deux ou trois parties, qui se publieront séparément. Cette première partie, intitulée *Éléments*, sera suivie des *Organes des transmissions*, *Organes des Machines à vapeur et des Pompes*, etc.

Ces *Éléments* répondent à la 1re partie du programme du cours de construction de l'École Centrale, mais avec une interprétation qui nous est propre.

Ils contiennent, en outre, quelques indications sur le travail des métaux et l'Outillage, dont il est parlé dans le cours de 2e année, mais dont la place était marquée ici, car avant de parler de la construction des organes : de surfaces tournées, rabotées ou alésées, il faut bien savoir en quoi consistent ces opérations.

Ainsi compris, cet ouvrage devient un *Cours élémentaire de Construction mécanique* à l'usage des Écoles professionnelles ; et que les professeurs sauront adapter au niveau de chaque école.

Les outils et organes élémentaires, donnés dans les planches, ont été dessinés d'après les pièces mêmes ; les tableaux des dimensions et proportions sont aussi empruntés à la pratique courante des ateliers.

Le laconisme auquel nous nous sommes astreint, et notre cadre limité, laissent certains points inexpliqués. Ainsi nous citons l'Accumulateur des riveuses Tweddell, sans en donner la construction, ce qui nous eût obligé à sortir de l'élémentaire. Nous donnerons cette construction dans un prochain ouvrage : **les Appareils à pression d'eau. — Outillage des ports**, etc.

Les descriptions sommaires, que nous donnons ici, avec figures, des Machines-Outils les plus usuelles, ont simplement pour but d'initier les débutants sur les formes et les fonctions générales de ces machines. Nous ferons, peut-être, un jour, une étude spéciale de la Construction de ces Machines-Outils.

En terminant, nous voulons remercier bien sincèrement les Constructeurs : MM. Dandoy-Maillard, Lucq et Cie de Maubeuge, représentés à Paris, par M. Poullain ; M. Huré et MM. Hurtu et Hautin ; M. D. Poulot ; M. Morin, à Paris ; pour l'obligeance avec laquelle ils nous ont fourni les clichés qui illustrent cet ouvrage.

Car, s'il est vrai, comme l'a dit Larousse, qu'un dictionnaire sans figures est un squelette, on peut dire qu'en mécanique une description sans croquis est nulle.

# TABLE DES MATIÈRES

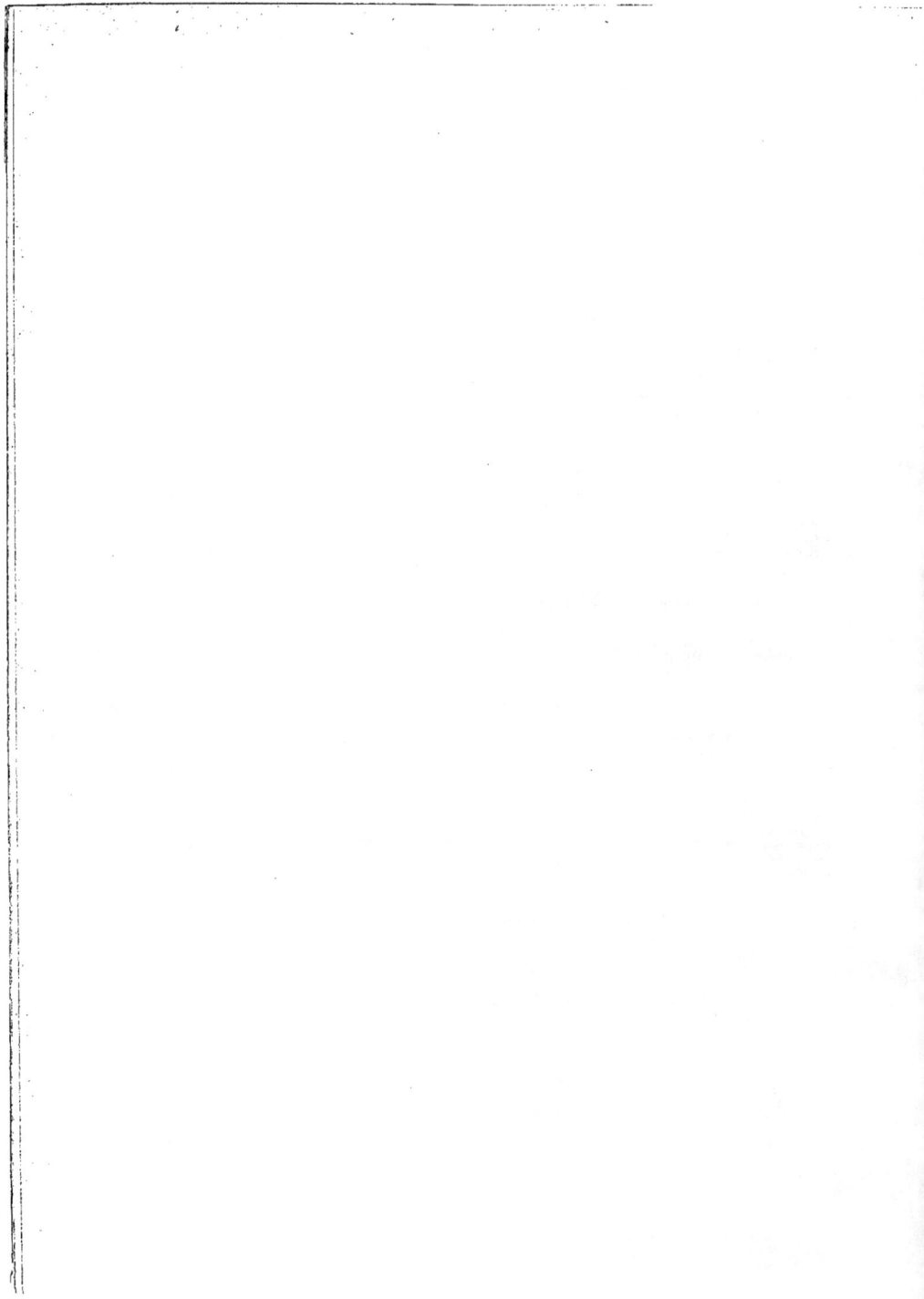

# LA CONSTRUCTION MÉCANIQUE

# ÉLÉMENTS

## CHAPITRE PREMIER

## DES BOIS

Le bois est la partie ligneuse des arbres, comprise sous l'écorce, dont le tissu cellulaire, formé par la *cellulose*, contient diverses matières apportées en mélange ou en dissolution dans la sève, et qui, suivant l'espèce, sont : incrustantes, gommeuses, résineuses, colorantes ou médicinales, et plus ou moins odorantes.

**Constitution des Arbres.** — Dans une section (fig. 1, Pl. I), on remarque :

1° *La moelle*, au centre, qui n'existe que dans les arbres jeunes et se transforme bientôt en bois parfait.

2° Le *Bois parfait*, qui constitue la majeure partie de la section. Les veines dirigées suivant des rayons s'appellent les *rayons médullaires*.

3° L'*Aubier, ou bois imparfait*, à texture plus molle, plus tendre et plus blanc que le bois parfait.

4° Le *Cambium*, à tissu mucilagineux, conduit principal de la sève.

5° Le *Liber*, composé de couches minces, dont les anciens se servaient pour écrire, et d'où nous avons fait le mot livre.

6° L'*enveloppe subéreuse* qui, dans le chêne-liège, fournit le liège.

7° L'*épiderme*, ou couche extérieure, qui, dans certaines espèces, comme le platane, tombe tous les ans.

Ces trois dernières parties constituent l'écorce de l'arbre.

**Croissance.** — Au printemps, la sève monte, principalement dans le cambium, et forme une nouvelle couche d'aubier et de liber; en même temps les couches centrales de l'aubier se transforment progressivement en bois parfait.

Le nombre des couches du bois indique donc l'âge d'un arbre.

Pour une même essence de bois, la qualité et la croissance varient, suivant la nature du sol, l'altitude, le climat, l'aspect, etc.

L'abatage doit toujours se faire en hiver, quand la sève ne circule plus.

**Classement.** — Les bois employés industriellement peuvent se ranger en cinq classes, comme au tableau suivant, qui contient les espèces les plus usuelles.

Les chiffres indiquent le poids de 1 m. c. à l'état ordinaire de séchage.

### CLASSIFICATION DES BOIS USUELS

| DURS | | BLANCS | | FINS | | RÉSINEUX | | EXOTIQUES OU DE LUXE | |
|---|---|---|---|---|---|---|---|---|---|
| Chêne . . . | 650 | Peuplier . . . | 370 | Cormier, o u | | Pin (m). . . . | 820 | Gayac . . . . | 1300 |
| Frêne. . . . | 785 | Tremble . . . | 540 | Sorbier . . | 900 | Sapin . . . . | 530 | Teck, ou chêne | |
| Orme. . . . | 740 | Aulne . . . . | » | Poirier. . . . | 720 | Mélèze. . . . | 660 | de Malabar. | |
| Châtaignier . | 680 | Bouleau . . . | 700 | Pommier . . | 760 | If . . . . . . | » | Pitschpin. . . | |
| Noyer. . . . | 600 | Tilleul. . . . | 550 | Alisier . . . . | 870 | Cèdre Liban . | » | Ébène . . . . | |
| Hêtre. . . . | 720 | Platane . . . | 630 | Merisier, o u | | | | Acajou. . . . | |
| | | Acacia . . . . | 780 | Cerisier . . | 710 | | | Palissandre . . | |
| | | Charme . . . | 760 | Cornouiller. . | 760 | | | Thuya. . . . | |
| | | Érable. . . . | 560 | Buis. . . . . | 900 | | | | |
| | | Houx . . . . | » | | | | | | |

## BOIS DURS

**Chênes.** — Bois dur, résistant, inaltérable, surtout s'il est dépourvu d'aubier. L'aubier, plus tendre que le bois parfait, est facilement attaqué par les insectes qui de là passent dans le bois parfait; maturité à cent ans.

Le chêne se polit mal par suite de sa texture fibreuse très apparente.

Dans certaines espèces débitées *sur mailles*, c'est-à-dire suivant les rayons médullaires, les cellules transversales de ces rayons, mêlées aux cellules longitudinales, donnent par le poli un moiré riche recherché en ébénisterie.

L'écorce du chêne ordinaire (*quercus robur*) sert au tannage des peaux.

L'écorce du chêne-liège (*quercus suber*) fournit les bouchons, etc.

Le chêne s'emploie surtout pour les charpentes de grande résistance, les membrures d'huisserie, les parquets, etc. Sa couleur est jaune paille quand il est vert; elle est légèrement rosée dans le bois vieux.

**Chêne blanc pédonculé.** — Cette variété est la meilleure ; le caractère distinctif est que le gland, ou fruit du chêne, est toujours isolé à l'extrémité d'un pédoncule. Le tronc est droit et long et les branches ne croissent qu'au sommet de l'arbre.

**Chêne rouvre (robur) commun de Bourgogne.** — Le tronc est plus petit que le précédent, les feuilles d'un vert plus foncé, et les glands viennent par bouquets de cinq à six.

Le **Chêne vert**, ou yeuse, et le **chêne noir**, qui croissent plus particulièrement dans le midi de la France, sont plus petits.

**Frêne.** — Bois dur et lourd, blanc, veiné de jaune, flexible sans éclater. C'est le bois préféré pour le charronnage et les manches d'outils, qui doivent être pris dans des morceaux refendus, mais non sciés.

**Orme.** — Bois d'une grande cohésion, s'emploie aussi au charronnage, mais on le préfère pour la confection des machines rustiques, telles que vis de pressoirs, etc.

L'orme, dit *Tortillard*, présente des fibres entrelacées qui le rendent difficile à fendre et le font rechercher pour la confection des moyeux de roues. Son tronc présente une écorce raboteuse, garnie de petites bosses. Son aubier est plus dur que le bois parfait; maturité : soixante-dix ans.

**Châtaignier.** — Bois analogue au chêne, mais peu employé. C'est le bois qui se tourmente le moins; il n'est pas sujet à la vermoulure.

**Noyer.** — Bois gris brun, plein, qui se coupe également en tous sens. On en fait des crosses de fusil et de petits modèles. On l'emploie aussi en sculpture, pour la menuiserie et le meuble. Le noyer noir d'Auvergne est préférable au noyer blanc, qui est plus mou.

**Hêtre**, communément appelé **fayard.** — Brun clair ; maturité : cent ans. Il est sujet à se fendre en séchant. Quand on le fend étant encore vert, il se courbe facilement, et on en confectionne des mesures de capacité ; on en fait aussi une foule d'objets pour l'usage domestique, tels que chaises, pelles à grains, etc., dont on durcit le bois en le séchant au feu de ses propres copeaux. On en fait aussi des parquets, des meubles communs, etc.

## BOIS BLANCS

**Peuplier noir.** — A feuilles d'un vert foncé; c'est le plus résistant.

Le *peuplier blanc* ou *grisard*, dont le dessous des feuilles est garni d'un duvet blanc, est à grain fin, se coupant bien. S'emploie en menuiserie pour ouvrages délicats, planchers, etc.

Le *peuplier d'Italie* a ses branches serrées au tronc; bois léger qui croit vite, est employé pour le voligeage des toitures et pour caisses d'emballage.

**Aulne.** — Blanc roussâtre, pousse vite en terre humide, sert à la confection des sabots et pilotis parce qu'il est indestructible à l'humidité. Mais il se détériore à l'air sec. La loupe d'aulne est utilisée pour placage.

**Bouleau.** — Bois léger, utilisé surtout en chauffage des fours de boulangers ;

les branches font des balais, et l'écorce est employée au tannage des peaux. l'huile de bouleau donne au cuir l'odeur du cuir de Russie.

**Tilleul** — Bois léger, blanc rougeâtre, se coupe bien et en tous sens, sert à la confection de petits modèles et de sculptures communes ; le liber sert à confectionner des cordes de puits. Cet arbre se creuse en vieillissant.

**Platane.** — Se pique des vers, peu employé ; son écorce tombe tous les ans.

**Acacia.** — S'éclate et se fend facilement, mais élastique ; on en fait les raies des roues de voitures et les alluchons de roues travaillant dans l'eau.

**Charme.** — Bois très blanc et très dur, s'emploie au charronnage et pour la confection des poulies, maillets, rabots, coins et cannes, etc.

**Érable.** — On en distingue plusieurs variétés : l'érable de *montagne* ou *sycomore ; plane ;* à *feuille de frêne ; d'Amérique.* D'un prix élevé, plus particulièrement employé pour l'ébénisterie. Bois compact, dur et souple, fait des crosses de fusil, etc.

**Houx.** — Cet arbre porte un fruit rouge et les feuilles sont armées de pointes aux extrémités des découpures. Ce bois, poli, est d'un blanc imitant l'ivoire ; on l'emploie pour la tabletterie.

## BOIS FINS

Tous ces bois sont à grain fin, durs et compacts, susceptibles d'un beau poli, et, par conséquent, donnent de bons frottements. Tous, sauf le buis, sont de couleur rougeâtre et servent à faire des alluchons, ou pièces à frottement, et des montures, ou manches d'outils, et pour l'ébénisterie.

**Le Poirier** et le **pommier sauvages** sont préférables aux espèces cultivées ; employés dans l'ébénisterie et noircis ils remplacent l'ébène.

**Le Buis.** — De couleur jaune, est employé pour la gravure, parce qu'il se coupe bien en tous sens. La loupe de buis, dite *racine de buis*, fournit de petits coussinets.

## BOIS RÉSINEUX. — CONIFÈRES

Tous ces bois poussent en montagne. La distillation de la sève résineuse, qu'on obtient par des saignées, ou celle du bois lui-même, donne l'essence de térébenthine et la colophane. Tous ces bois, surtout ceux non saignés, se conservent indéfiniment à l'air et dans l'eau, et, comme ils atteignent de grandes dimensions, qu'ils sont légers et faciles à travailler, ils sont très précieux pour les grandes charpentes.

**Pins.** — Les plus beaux pins, dont on compte neuf espèces, nous viennent de Suède-Norvège et de Russie. Ces bois ne sont pas saignés comme ceux qu'on trouve en France. Le Pin est employé pour les grands modèles de pièces mécaniques.

Le **Sapin**, plus commun, est analogue au pin; il nous en vient des mêmes contrées, non saignés. On en fait surtout beaucoup de planches.

Le **Mélèze** *(larix)* est à grain plus fin, plus rouge et plus résineux que les précédents; aussi il se conserve mieux encore.

**L'If**, uni ou noueux, est incorruptible; il s'égrène au tour.

## BOIS EXOTIQUES

**Pitchpin.** — C'est le plus répandu: de couleur jaune rougeâtre, analogue au pin, il présente la même résistance que le chêne et s'emploie aux mêmes usages et aussi pour meubles.

**Gayac.** — Densité 1,3; rouge brun, très compact, s'emploie pour pièces à frottement : coussinets, pivots ou crapaudines, surtout dans l'eau.

**Teak** ou **Teck**, dit **Chêne de Malabar**, est dur, à grain fin serré; coûte cher, mais il est incomparable pour les constructions navales.

Les autres bois de cette classe ne sont employés qu'en placages (bois tranché) pour l'ébénisterie.

## MESURAGE DES BOIS

Les arbres s'achètent sur la valeur du mètre cube de bois, que l'on évalue de diverses façons, suivant les localités. On mesure d'abord la hauteur ou longueur du fût puis on mesure sa circonférence.

*La méthode au quart* consiste à prendre le quart de cette circonférence comme côté d'une section carrée et à la multiplier par la hauteur pour avoir le cube.

*La méthode au cinquième déduit* consiste à déduire le cinquième de la circonférence, à prendre le quart du reliquat pour côté de la section carrée et à la multiplier par la hauteur.

*La méthode au sixième déduit* consiste à déduire le sixième de la circonférence et à opérer de même.

Soit une circonférence de $2^m,40$ et une hauteur de 10 mètres. On aura :

Au 1/4 : $\dfrac{2^m,40}{4} = 0,6$ ..... $0,6 \times 0,6 \times 10 = 3,60$ mètres cubes.

Au 1/5 : $\dfrac{2,40 - \dfrac{2,40}{5}}{4} = 0,48$ ..... $0,48 \times 0,48 \times 10 = 2,30$  —

Au 1/6 : $\dfrac{2,40 - \dfrac{2,40}{6}}{4} = 0,5$ ..... $0,5 \times 0,5 \times 10 = 2,50$  —

Cette dernière méthode est la plus employée.

*Dendromètre* (fig. 1) (1). — Ce petit instrument de poche permet de déterminer la hauteur d'un arbre, ou d'une partie de cet arbre.

A cet effet, l'observateur se place (fig. 2) en O, soit à une distance horizontale OB = 10 mètres; il vise le sommet A en donnant la liberté au disque intérieur en pressant le bouton placé sur le côté droit de l'instrument. Lorsque les oscillations du disque ont cessé, il lâche le bouton et lit, par

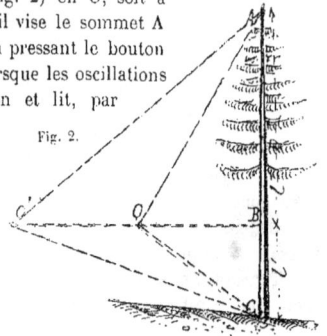

Fig. 1.                    Fig. 2.

l'oculaire placé sur la tranche, la hauteur AB = *l*, soit AB = 12 mètres.

Il vise ensuite le pied de l'arbre en opérant de même, et lit la hauteur *l'* = BC, soit BC = 8 mètres; la hauteur totale est AB + BC = 12 + 8 = 20 mètres.

Si l'opérateur a dû se placer à une distance 0' = 20 mètres, il devra multiplier par 2 les hauteurs lues sur l'instrument. A 30 mètres, il multipliera par 3, et ainsi de suite. Il aura :

$$AC = 2\,(12 + 8) = 40 \quad \text{ou} \quad AC = 3\,(12 + 8) = 60.$$

En résumé, pour une distance OB quelconque, *l* et *l'* étant les chiffres lus sur l'instrument, on aura :

$$AC = l + l' \times \frac{OB}{10}.$$

R ègle : *Pour prendre une hauteur à l'aide du dendromètre, on vise successivement le sommet et le pied de l'arbre, on multiplie la somme des chiffres lus sur l'instrument par le dixième de la distance de l'observateur à l'arbre.*

On peut inversement déduire la distance OB si on connaît la hauteur AC.

---

(1) Ce petit instrument est construit par M. Morin, rue Boursault, 3, à Paris.

# DÉBIT DES BOIS (Pl. I.)

La méthode française du débit en planches consiste (fig. 2 et 4) à débiter la pile en tranches parallèles. Les parties extrêmes s'appellent les relèves ou croûtes. Les planches ainsi débitées, en séchant, se voilent en tournant leur convexité du côté du cœur de l'arbre (fig. 3); on dit que le bois *tire à cœur*.

La méthode hollandaise remédie en partie à cet inconvénient; elle consiste (fig. 5) à scier d'abord deux planches au milieu, puis à débiter les deux segments suivant des lignes perpendiculaires à la surface sciée, ou perpendiculaires entre elles. Cette méthode n'est applicable qu'aux arbres de grand diamètre.

S'il s'agit de tirer dans la section circulaire d'un arbre une poutre de section rectangulaire, il y a tout intérêt à faire que cette poutre présente le maximum de résistance. Pour un poteau, elle devra être carrée; mais, pour une poutre horizontale, soumise à la flexion, sa résistance transversale est proportionnelle à $a \times b^2$,

$a$ étant la largeur horizontale du rectangle,

$b$ — la hauteur verticale — ,

ce maximum a lieu pour $b = a\sqrt{2} = 1,4a$.

Fig. 3.

Pour tracer ce rectangle de résistance maximum, on divise (fig. 3) le diamètre $d = fg$ en trois parties égales, par les points de division $m$, $n$; on mène $me$, $nh$ perpendiculaires sur $fg$; les points $e$, $f$, $h$, $g$ sont les sommets du rectangle cherché. Les triangles semblables $gfe$, $efm$ donnent :

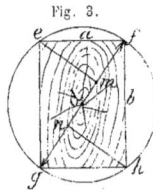

$$a : d :: mf \text{ ou } \frac{d}{3} : a, \ldots \text{ d'où } a^2 = \frac{d^2}{3} \quad \text{ou} \quad a = 0,578d.$$

On a aussi : $\qquad b^2 = d^2 - a^2 = 2a^2 \qquad \text{ou} \quad b = 1,4a.$

Les bois exotiques, que l'on débite en placages pour l'ébénisterie, sont tranchés sur des machines spéciales. Le tranchage, substitué au sciage, a supprimé le déchet du trait de scie et réduit ainsi le prix des placages au tiers de ce qu'ils étaient alors.

## DÉFAUTS DES BOIS

Les arbres sur pied sont dépréciés par des défauts ou maladies plus ou moins apparents avant l'abatage.

La **Roulure** (fig. 6) consiste en fentes circulaires, résultant de la disjonction des couches annuelles occasionnée par la gelée; elle est partielle, ou multiple.

La **Gélivure** (fig. 7) fentes radiales intérieures occasionnées par la gelée.

Les **Gerces** (fig. 8) sont des déchirures allant de la périphrie vers le centre.

La **Cadranure** (fig. 9). — C'est la réunion d'une gerce et d'une gélivure.

Le **Bois tord** (fig. 10) consiste dans une torsion que subit l'arbre jeune quand ses branches reçoivent l'action du vent sur un côté, les fibres longitudinales se contournent en hélices et la croissance continue sous cette forme. Ces arbres peuvent fournir des poteaux, mais ne sauraient être débités en planches.

Outre ces défauts, les arbres sur pied sont sujets à certaines maladies dont les plus fréquentes sont :

**La Vermoulure.** — C'est une altération due à la fermentation et à l'attaque des vers, que l'on observe surtout dans les arbres vieux.

**Les Ulcères** proviennent surtout de déchirures, telles que la rupture d'une branche; la sève suinte alors au dehors et sa fermentation à l'air se propage bientôt à l'intérieur.

**La Carie** est une maladie qui s'observe sur les arbres vieux ; elle consiste en excroissances, développement de champignons et autres végétations parasites qui se produisent sur l'écorce.

**L'Aubier** doit être évité surtout pour les pièces de chêne, parce qu'il est très promptement attaqué par les vers et ne peut compter dans la résistance. La tolérance de l'aubier ou du flache qu'il laisse doit être indiquée à la commande.

**Les Nœuds** ne sont pas des défauts bien importants quand ils sont sains ; mais, dans les pièces fléchies, il faut les éviter, car, en altérant l'homogénéité du bois et la continuité des fibres, ils réduisent la résistance. Les nœuds de sapin sont très durs et exigent des outils bien affûtés; quelquefois, ils sortent entièrement de leur alvéole en laissant un trou.

## DESSICCATION DES BOIS

Les bois récemment abattus et débités sont dits *verts;* ils contiennent toute leur sève, 40 à 45 % d'eau, et ne peuvent être employés, car ils éprouveront un retrait considérable en séchant; on dit qu'ils *travaillent;* ce retrait a surtout lieu dans le sens de la largeur, il est très faible dans le sens de la longueur.

La dessiccation à l'air libre est très lente : après 6 mois de coupe, les bois contiennent encore 26 % d'eau et 17 % après 18 mois de coupe. Les bois desséchés artificiellement, puis exposés à l'air, réabsorbent peu à peu jusqu'à 14 ou 16 % d'eau.

Aussi les bois travaillent toujours.

Les planches sont le plus habituellement séchées en les empilant sur une grande hauteur et en laissant de larges intervalles entre elles.

Les pièces débitées en forêt sont aussi desséchées (fig. 11, pl. 1.) en les empilant sur une sole boisée et un peu élevée au-dessus du terrain environnant; le tout est recouvert de croûtes et orienté de façon que les vents frappent les grandes faces. On construit aussi des séchoirs maçonnés.

**Flottage.** — Un artifice pour activer la dessiccation consiste à immerger le bois : l'eau se substitue à la sève par endosmose, et l'évaporation de l'eau est ensuite plus rapide que celle de la sève. L'immersion doit avoir lieu de préférence en eau courante et sa durée peut être de 5 à 6 semaines; avec de l'eau à 30°, cette durée d'immersion se réduit à 10 ou 12 jours.

## CONSERVATION DES BOIS

Les bois, même secs, soumis alternativement à l'air et à l'humidité, et surtout placés dans le sol, tels que les pieux et traverses de chemins de fer, se détériorent très promptement, par oxydation ou par l'attaque des insectes.

**Carbonisation.** — Un moyen de préservation des pieux ou piquets, connu de toute antiquité, consiste à faire subir, à la partie qui doit être enfouie, une carbonisation superficielle au feu, mais c'est là un procédé de préservation locale.

Les vrais procédés de conservation sont ceux qui procèdent par injection dans la masse du bois d'un antiseptique, tels que le *sulfate de cuivre*, le *chlorure de zinc*, ou *la créosote*, qui est l'huile lourde résultant de la distillation de la houille.

De tous les procédés proposés, les trois suivants sont les seuls appliqués :

**Procédé Bréant, perfectionné par Béthel (1831-1838).** — Les bois, préalablement séchés à 60 ou 80 degrés, sont placés dans un récipient que l'on ferme et dans lequel on fait d'abord le vide au moyen d'une pompe. Puis on met ce récipient en communication avec le réservoir contenant le liquide antiseptique (la créosote est prise à 65 degrés); ce liquide est de plus comprimé dans le récipient par une seconde pompe, jusqu'à 10 atmosphères.

La durée d'une opération est d'environ deux heures, et un mètre cube de hêtre absorbe environ 220 kilog. de créosote ou 8 kilog. de sulfate de cuivre.

**Procédé Boucherie, 1841 (fig. 13, pl. I).** — Ce procédé n'est plus appliqué que pour les poteaux télégraphiques et toujours en forêt.

L'arbre à injecter, aussitôt abattu, en pleine sève, est placé sur deux chantiers, qui lui donnent une faible inclinaison. A l'extrémité la plus haute on applique, au moyen de deux boulons accrochés sur l'arbre, un plateau en bois, en ayant soin d'interposer près de l'écorce une corde qui forme joint et laisse un vide entre le plateau et l'arbre.

Cet espace vide est alors mis en communication, par un tuyau et un robinet, avec un réservoir R placé à 10 ou 15 mètres de hauteur et contenant le sulfate de cuivre. Ce liquide se substitue successivement à la sève qu'il pousse devant lui et s'écoule à l'extrémité inférieure de l'arbre. On dispose ainsi des chantiers de 200 à 300 mètres de long.

Un mètre cube de bois absorbe environ 5,50 kilog. de sulfate de cuivre.

**Procédé J.-B. Blythe, dit Thermo-Carbolisation, 1870** (fig. 14, pl. 1).
— Ce procédé, qui est aujourd'hui le plus économique, est employé surtout
pour les traverses de chemins de fer. On emploie exclusivement la créosote dont
l'élément essentiel antiseptique est l'acide phénique ou carbolique.

Ce procédé comporte deux opérations, suivant l'importance de l'injection.

Une installation pour injection des bois se compose d'un certain nombre de
récipients A placés parallèlement. Le fond mobile B étant démonté, on emplit le
récipient A des bois à injecter en laissant un intervalle entre eux, puis on remet
en place le fond B dont on ferme le joint hermétiquement. Sur l'autre fond est
fixé un éjecteur E, qui fonctionne au moyen de la vapeur du conduit e surchauffée au moins à la température de volatilisation de la créosote (300 à 400°).

Cet éjecteur étant ouvert, la vapeur aspire la créosote contenue dans le
récipient D, la volatilise et le mélange de vapeur créosotée vient déboucher à
l'extrémité du conduit inférieur. En même temps, cet éjecteur aspire par le
tuyau b les gaz et vapeurs du récipient A; un double fond, placé en avant de
l'orifice b, fait que l'aspiration des gaz a lieu sur tout le pourtour. Il se produit
ainsi de l'avant à l'arrière du récipient A, autour des bois, un courant continu
d'un mélange de vapeur et de créosote.

Quand cette opération a duré de vingt-cinq à trente minutes, suivant la nature
et l'échantillon des bois, ces bois sont suffisamment pénétrés par la créosote qui
a remplacé la sève et l'humidité des bois. Cette première opération, dite *thermo-
carbolisation*, suffit pour les bois employés à l'air : charpente et menuiserie.

Pour les traverses et les bois pour constructions hydrauliques, on fait suivre
cette première opération à chaud d'une injection sous pression : on ouvre le
robinet F qui établit la communication du récipient G, plein de créosote, avec le
récipient A par celui D. En ouvrant le robinet de vapeur c, la créosote est
refoulée dans le récipient A et le niveau est indiqué par un flotteur placé dans
le dôme C et une aiguille avec cadran extérieur. On ferme alors le robinet F et
on ouvre le robinet de vapeur d; la vapeur vient alors dans le dôme C com-
primer la créosote qui ainsi pénètre les bois. L'aiguille extérieure indique d'après
l'abaissement du niveau quel est le volume de créosote qui a pénétré dans les
bois. La capacité du dôme est calculée pour être supérieure au volume de créosote
à injecter. Cette seconde opération dure environ dix minutes.

Un mètre cube de bois absorbe par la première opération 30 k. de créosote.

Un mètre cube de bois absorbe après la deuxième opération 120 k. de créosote.

A raison de 5 fr. 50 c. les 100 k., la dépense est donc de 1 fr. 65 à 6 fr. 50.

Les bois injectés sont plus durs à travailler. Aussi la Compagnie du Nord
injecte ses traverses quand elles sont terminées, sabotées et percées : les déformations dues à l'injection sont insignifiantes.

**Procédé par trempage ou immersion.** — Pour des bois de petit échantillon et notamment pour le pin des Landes, employé au pavage à Paris, on se borne à plonger les bois dans la créosote chauffée, pendant un certain temps.

## ASSEMBLAGES DES BOIS (Pl. II).

Deux pièces de bois peuvent être assemblées de quatre façons différentes :

1° Par *languettes*, c'est l'assemblage de deux pièces juxtaposées;

2° Par *Enture*, c'est l'assemblage bout à bout de deux pièces;

3° Par *tenon et mortaise*, c'est l'assemblage de deux pièces se rencontrant sous un angle quelconque;

4° Par *entailles ou moises*, c'est l'assemblage de deux pièces se croisant.

**Définition.** — On appelle *Faces de parement* d'un assemblage, les faces des pièces assemblées qui sont parallèles au plan de leurs axes ou plan du tableau. Les autres faces perpendiculaires au plan du tableau sont dites : *faces d'épaisseur, faces normales* ou *faces d'assemblage.*

Le *Joint* c'est la surface d'assemblage commune aux deux pièces.

L'*About* d'une pièce c'est la surface de son extrémité sur laquelle elle s'appuie.

L'*Occupation de l'about* c'est la surface qui reçoit un about.

**Principes.** — Les axes de deux pièces assemblées doivent être dans le même plan. Un *bon joint* est celui qui peut se tailler du premier coup sans tâtonner. Les *chevilles* qui servent au montage des assemblages ne comptent pas pour la résistance de ces assemblages.

**Conservation des assemblages.** — Dans les constructions hydrauliques, ou lorsque les assemblages sont engagés dans la maçonnerie, il y a intérêt à enduire les surfaces de joint des assemblages d'une forte couche de minium ou de céruse, ou, comme l'a fait M. *Emy*, d'un mélange bouillant de goudron et de suif.

**Assemblages par languettes.** — Les planches portent sur un champ une languette et sur l'autre champ une rainure longitudinale, et ainsi s'assemblent les unes à côté des autres comme dans les planchers, des clous entrés du côté de la rainure clouent ces planchers sur les lambourdes. La rainure est à grain d'orge pour les pièces un peu épaisses. Enfin pour les madriers épais il y a une grande économie de bois à employer des languettes rapportées, en bois dur.

**Entures.** — *A.* Par bout avec un gougeon pénétrant dans les deux pièces.

*B.* Par entailles à mi-bois, doit être boulonné.

*C.* Par deux tailles droites au quart de la section.

*D.* Par deux tailles obliques au quart de la section.

*E.* Entailles à mi-bois et queues d'hironde.

**Tenons et mortaises.** — Si les deux pièces A, B, sont de même largeur, le tenon a une épaisseur égale au $1/3$ de cette largeur, sa longueur ou saillie est environ 1,5 son épaisseur, la mortaise est un peu plus profonde, car un tenon ne doit jamais porter au fond de la mortaise ; c'est l'épaulement qui doit porter.

Dans le tenon oblique, c'est la mortaise et l'épaulement qui sont taillés obliquement. Cet assemblage se fait pour les pans de bois.

**Embrevements.** — Si la pièce oblique B, supporte une charge suivant son axe, il faut, pour soulager le tenon, faire l'embrevement *a b c*. L'embrevement est simple ou double si l'inclinaison de la pièce B est grande.

Dans l'embrevement anglais on fait deux entailles *a*, *b*, laissant entre elles une saillie qui s'engage dans une entaille correspondante faite dans B.

**Assemblages de solives sur poutres.** — Les solives de planchers sont réunies aux poutres par la simple coupe dite à paume, ou par des tenons renforcés en dessous ou en dessus.

**Trait de Jupiter.** — C'est l'assemblage que l'on fait pour deux pièces réunies suivant le même axe et soumise à un effort de traction, c'est une enture résistant à la traction. Les deux pièces sont taillées identiquement, les entailles superposées laissent place pour une clavette en bois dur qui serre l'assemblage. Cet assemblage doit être armé de deux platebandes en fer boulonnées.

**Queue d'hironde.** — S'emploie pour deux pièces devant résister à un effort qui tend à les séparer.

**Onglet.** — C'est l'assemblage de pièces formant cadre ; le joint *a b* suivant la bissectrice de l'angle n'existe que sur le parement vu.

**Assemblages par moises.** — Les moises sont deux pièces B, C, rapportées de chaque côté et boulonnées sur d'autres pièces d'une charpente. Les moises sont simplement appliquées à fleur comme en A, ou seules entaillées comme en B, ou bien la pièce moisée et la moise sont chacune entaillées par moitié comme en C.

**Ferrures des assemblages.** — Le boulon est souvent employé seul, mais il faut toujours placer une forte rondelle sous son écrou. Le plus souvent les boulons s'emploient avec des barres plates, dites plates-bandes.

Le Harpon, ou boulon à patte, s'emploie pour rapprocher des pièces assemblées d'équerre ; il peut être simple, mais il est généralement plus avantageux d'en employer deux en vis-à-vis, réunis par les mêmes boulons.

Les équerres simples ou doubles s'emploient pour les mêmes assemblages, mais ne donnent pas aussi bien que le harpon la facilité de serrer le joint.

L'Étrier, ou double boulon, s'emploie pour serrer ensemble des pièces parallèles.

**Expériences de Duhamel** (fig. 12, pl. 1). — Duhamel a débité dans un même arbre de petites pièces de 1 mètre de long sur 4 centimètres d'équarrissage, bien semblables, afin que les essais puissent être comparables. Quelques-unes de ces pièces, posées sur deux appuis et chargées au milieu se sont rompues à 262 kilogrammes. Dans d'autres pièces, il fit une entaille à la partie supérieure, au milieu, et y ajusta une cale en bois dur.

Suivant que l'entaille était au quart, à la moitié, ou aux trois quarts de l'épaisseur, la rupture eut lieu à 275, 271 et 265 kilogrammes.

La cale en bois dur aurait donc augmenté un peu la résistance. Mais, en supposant même que cette augmentation de résistance ne fût pas suffisamment prouvée par une seule expérience, ces résultats confirment purement et simplement la théorie de la flexion : puisque les fibres supérieures sont comprimées par la flexion et celles inférieures tendues, il est bien évident qu'on n'altère pas la résistance d'une pièce en mettant une cale plus résistante à la place du bois enlevé par l'entaille. D'après la théorie, cette cale ne devait pas aller au delà de la couche des fibres neutres qui est au milieu.

Les assemblages faits à la partie supérieure n'altèrent donc pas la résistance à la flexion, puisque l'entaille tend à se fermer, mais à la condition que l'entaille soit rigoureusement remplie.

Une entaille faite à la partie inférieure s'ouvrirait par la flexion et accélérerait considérablement la rupture. Ce résultat est aussi sûrement déduit de la théorie de la flexion que le précédent.

## CHAPITRE II

# DE LA FONTE [1]

Les métaux ferreux comprenant : la *Fonte*, *l'acier*, et le *fer* qui est l'élément constitutif principal des deux premiers, sont de beaucoup les plus importants.

En principe ces métaux ne diffèrent que par la quantité de carbone allié au fer :

Le fer en contient de 0 à 0,3 % (2000°, soudable).
L'acier        —        0,3 à 1,5 — (1500°, trempable).
La fonte       —        1,5 à   6 — (1100°).

Mais les caractères physiques et les propriétés mécaniques changent :

La fusibilité croît rapidement à mesure que s'élève la teneur en carbone.

La malléabilité, au contraire, diminue        —        —        —

Le fer, chauffé à blanc, jouit seul de la propriété de se souder à lui-même.

L'acier perd cette propriété, mais acquiert celle de durcir par la trempe.

Examinons de plus près ces propriétés en commençant par la fonte que la métallurgie obtient d'abord et d'où on tire le fer et l'acier, en éliminant plus ou moins le carbone.

**Généralités.** — Les minerais de fer oxydulé magnétique, oligiste, spatique, hématite, etc., etc., sont des oxydes de fer unis à une gangue. Ils sont réduits dans le haut-fourneau (fig. 1, pl. III) en présence du *carbone* à haute température, fourni en excès par le combustible. L'addition de *castine* calcaire ou siliceuse a pour but de former avec la gangue siliceuse ou calcaire des scories fusibles pendant que le fer, rendu libre, se combinant au carbone en excès donne la *fonte crue*, qui se réunit dans le creuset, d'où on l'a fait couler dans des moules. Sa densité est d'environ 7k,2.

La qualité de la fonte dépend de celle du minerai et du combustible; de la proportion des charges de la température; en un mot, de l'*allure* du haut-fourneau.

**Fontes de 1re fusion (1100°).** — On les classe, d'après la teneur en carbone :

Nos 1. Fonte très noire. Cassure à gros grains et lamelles de graphite.
      2. Fonte noire.         —        présentant un mélange de grains gros et fins.
      3. Fonte grise.         —        à grains fins réguliers.
      4. Fonte truitée.       —        à grains fins noirs et blancs.
      5. Fonte blanche.       —        cristalline lamellaire.
      6. Fonte blanche.       —        cristalline à grains fins.

(1) Ce que nous rapportons ici sur les métaux est extrait de notre *Manuel des constructions métalliques et mécaniques.*

Les fontes présentent un phénomène particulier : celles qui sont les plus carburées abandonnent pendant le refroidissement une portion du carbone combiné, qui reste disséminé dans la masse à l'état de graphite, en lamelles ou grains; de là l'aspect plus ou moins noir de leur cassure; elles contiennent le minimum de carbone combiné. Tandis que les fontes où le carbone reste à l'état de combinaison présentent une cassure blanche, cristalline.

Les fontes noires sont douces au travail des outils, mais peu résistantes.

Les fontes grises, ou truitées, fournissent des pièces brutes pour la quincaillerie.

Les fontes blanches, dures et cassantes, sont coulées en gueuses pour 2º fusion.

**Fonte trempée.** — Certaines fontes manganèsifères, coulées en coquille (moule en métal), conservent, par leur refroidissement prompt au contact des parois métalliques du moule, tout leur carbone à l'état de combinaison. On a alors la fonte *trempée*, dure, présentant une cristallisation rayonnant de la surface au centre de la pièce.

C'est ainsi que l'on coule (fig. 10, pl. III) les roues qui doivent rester brutes au pourtour et résister à l'usure par frottement.

CHARGES DE SÉCURITÉ DES COLONNES EN FONTE, AU 1/8 DE LA RUPTURE A 8,000$^k$(1).

| | COLONNES A BASES PLATES | | | | | | | BIELLES | | | | | | |
|---|---|---|---|---|---|---|---|---|---|---|---|---|---|---|
| l : d | 10 | 15 | 20 | 25 | 30 | 35 | 40 | 10 | 15 | 20 | 25 | 30 | 35 | 40 |
| □ | 625 | 547 | 470 | 400 | 340 | 280 | 240 | 470 | 340 | 240 | 175 | 130 | 100 | 80 |
| ○ | 600 | 510 | 430 | 350 | 290 | 230 | 200 | 430 | 290 | 200 | 140 | 110 | 80 | 60 |
| ▨ | 580 | 480 | 400 | 320 | 260 | 210 | 175 | 400 | 270 | 175 | 120 | 90 | 70 | 56 |
| ⬗ | 550 | 430 | 330 | 270 | 200 | 160 | 130 | 350 | 220 | 140 | 95 | 70 | 50 | 40 |
| ✚ | 500 | 380 | 280 | 210 | 160 | 120 | 100 | 280 | 170 | 100 | 70 | 50 | 37 | 28 |

**Fonte de 2º fusion.** — Ce n'est que par des mélanges en 2º fusion au cubillot (fig. 2) ou au reverbère (fig. 3) des fontes noires et blanches qu'on obtient assez régulièrement les fontes propres à la construction ; assez résistantes, assez douces sous la lime présentant peu de retrait (1 % environ), enfin exemptes à leur surface de soufflures, piqûres et tassements. Ces fontes fondent à 1200º et leur densité est environ 7$^k$,2.

(1) Voir les tableaux graphiques dans notre *Manuel des Constructions métalliques*.

La fonte est surtout employée pour les pièces comprimées.

Le tableau précédent, que nous avons calculé, donne les charges par centimètre carré dont on peut charger des colonnes ou des bielles de diverses sections et pour des rapports $l : d$, de la longueur $l$ au diamètre $d$ pris au milieu variant de $l : d = 10$, à $l : d = 40$.

Les charges pratiques par millimètre carré, que l'on fait supporter aux pièces de fonte, sans choc, sont habituellement comprises dans les limites suivantes :

A la traction ou torsion, de. . . 3 kg. à 1 kg. (rupture 18 kg.)
A la flexion . . . . . . . . . 5 kg. à 2 kg. ( — 30 kg.)
A la compression, pièces courtes. 15 kg. à 10 kg. ( — 80 kg.)

**Fontes tenaces.** — En mélangeant aux fontes hématites 20 % d'acier corroyé ou 5 % de fonte blanche et 15 % d'acier, on a obtenu des fontes dont le retrait ne dépasse pas 10 à 12 millimètres par mètre et dont la rupture s'est élevée de 18 kilogrammes pour fonte ordinaire, à 24 kilogrammes, soit un tiers en plus.

**Fonte malléable.** — C'est un mélange de fonte blanche et grise provenant d'hématite rouge, fondue au creuset, puis coulée dans des moules en sable.

Les pièces obtenues sont dures et cassantes ; leur retrait considérable (18 à 20 mill. par mètre) oblige à un prompt démoulage avant refroidissement, pour éviter les ruptures. Ces pièces doivent être décarburées et recuites.

Les pièces, débarrassées du sable adhérent, sont placées dans des vases en fonte et entourées d'hématite rouge pulvérisée (oxyde de fer). Les vases sont lutés puis soumis, dans des fours (fig. 5), progressivement à la température de 800°, maintenue pendant 80 à 90 heures, suivant l'épaisseur des pièces ; après quoi, on laisse refroidir au four.

Dans cette opération, la fonte a été décarburée par l'oxygène du minerai. Les pièces de plus de 10 millimètres d'épaisseur subissent une seconde opération semblable. On obtient ainsi pour des pièces minces un métal analogue au fer, que l'on peut plier, limer, buriner, etc.

**Moulage en sable** (fig. 9). — Le moulage de la fonte est en principe le même que celui de tous les métaux fusibles : bronze, etc. Le sable employé au moulage doit être d'autant plus réfractaire que les pièces à couler sont plus fortes, et que la température de fusion du métal est plus élevée. Ces sables sont un mélange de silice et d'alumine ; ils ne doivent pas contenir de carbonate de chaux qui en se décomposant à la chaleur ferait explosion.

Pour obtenir les pièces des machines conformes au dessin que l'on a arrêté, on en fait un modèle en bois, et, pour tenir compte du retrait du métal en se refroidissant, le modeleur se sert d'un mètre de 101 centimètres divisé en 100.

Si la pièce comporte des creux, le modèle sera muni de portées et on fera une boîte à noyau correspondante à ce creux allongé des portées.

Le modèle est alors placé dans un châssis en fonte en deux pièces, dans cha_
cunes desquelles le sable est foulé uniformément. Le joint des deux couches de
sable est fait par une légère couche de poussier de charbon qui empêche l'adhérence
du sable. On ouvre le châssis, on sort le modèle, on place le noyau, on perce dans la
partie supérieure le trou de coulée et les évents; puis on referme le châssis, qui
présente alors les cavités que doit remplir le métal. On charge le moule pour que
la pression du métal liquide ne le fasse pas s'ouvrir ou ne soulève pas le sable
malgré les armatures en fer que l'on a noyées dans le sable. Enfin on coule.

Pour les pièces minces, les moules sont préalablement séchés à l'étuve, et on
emploie avec avantage, pour ces pièces, des châssis en fer (fig. 7) faits avec des
fers à rebords laminés spécialement pour cet usage. Ces châssis minces sont superposés par six à huit sous une presse, pour la coulée.

Les outils du mouleur, en plus des fouloirs conique et rond, sont : les truelles
et les spatules qui lui servent à couper le sable et à ragréer les diverses parties du
moule, un maillet, un soufflet, un tamis et un petit sac à poussier de charbon
ou de farine pour soupoudrer les surfaces du moule.

Pour les pièces présentant une certaine épaisseur, le conduit de coulée est
agrandi et prolongé au-dessus du moule, pour former une *masselotte*. Les évents
ménagés sur toutes les parties saillantes du moule pour assurer le dégagement
des gaz, servent aussi de masselotte. La masselotte, où le métal reste en fusion
autant que dans le moule, abreuve le moule pendant le retrait, et, par la pression
qu'exerce la colonne de métal liquide sur toutes les parties du moule, on obtient
des pièces plus saines. C'est ainsi que les pièces coulées debout, telles que les
tuyaux, etc., ou coulées inclinées, sont généralement plus saines que celles qui
sont coulées horizontalement. Dans les parties inférieures d'un moule, le métal est
toujours à grain plus serré que
dans les parties supérieures.

La fonte au sortir du cubilot est reçue dans une poche
(fig. 4) portée à bras d'hommes
ou suspendue au crochet de la
grue, et que l'on vient verser

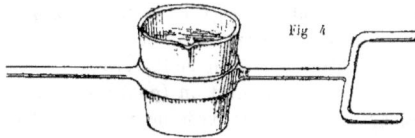

Fig 4

dans chaque moule. Si le moule est grand, on y verse en même temps le contenu
de deux poches.

*Remarque.* — Tous les métaux fondus, non martelés, offrent en général peu
d'élasticité et de grandes variations de résistance, car, par suite du retrait dû au
refroidissement plus ou moins rapide suivant la forme et l'épaisseur de la pièce
et aux autres causes, ces métaux ne se présentent pas deux fois dans des
conditions identiques de composition et de cohésion.

3

CHAPITRE III

# DE L'ACIER

**Généralités.** — Le fer allié de 0,5 à 1,5 % de carbone jouit de la propriété de durcir par la *trempe* : c'est l'*acier*.

Aujourd'hui on appelle aussi aciers tous les produits ferreux malléables, plus ou moins trempables, obtenus par fusion (procédés Bessemer et Martin-Siemens).

A mesure que s'élève la teneur en carbone, la fusibilité de l'acier, sa dureté après la trempe et sa résistance croissent, mais sa malléabilité et sa soudabilité diminuent.

Jusqu'à 0,5 % de carbonne, la soudure est possible, la trempe est faible.

De 0,5 à 1 %, soudabilité nulle, mais trempe énergique.

De 1 à 1,5 %, métal insoudable, trempe très énergique, difficile à chauffer et à tremper, délicat au feu.

Au delà, le métal n'est plus malléable et passe à la fonte.

Ces caractères varient d'intensité suivant la pureté du métal.

## ACIERS CORROYÉS — FONDUS

**Aciers puddlés de forge ou d'Allemagne.** — Ils s'obtiennent par décarburation partielle (affinage) de fontes spéciales sur la sole d'un four à reverbère (fig. 3, pl. III). Ces aciers, même corroyés, sont peu homogènes, peu carburés et ne s'emploient que pour outils agricoles.

**Acier de cémentation (poule).** — Il s'obtient par carburation directe de fers au bois à grains, de Suède, de Styrie ou d'Allevard. Les barres de fer entourées d'un cément, qui n'est autre que du charbon de bois pulvérisé, auquel on ajoute un peu de sel marin, 5 % environ, sont chauffées à blanc dans des fours spéciaux, analogues en principe à celui de la planche IV, pendant six à sept jours.

On ferme alors toutes les issues du four, et, après refroidissement, on défourne.

La carburation s'est propagée de la surface au centre des barres. Cette surface est alors garnie de petites ampoules, d'où le nom d'*acier poule*. La teneur en carbone ne doit pas excéder 1.75 %, afin d'éviter la fusion.

Ces barres ne s'utilisent qu'après un *raffinage* par corroyage ou fusion.

Les barres peu carburées, soudables en paquet, donnent l'acier de cémentation *corroyé*. Cet acier est moins homogène et moins carburé que par la fusion.

**Acier cémenté fondu au creuset.** — Cette méthode de raffinage fut créée
en 1740, près Scheffield, par B. Huntsmann; elle est pratiquée aujourd'hui dans
le bassin de la Loire, à Essen et en Styrie.

Les barres cémentées sont cassées et triées d'après le degré de carburation
indiqué par la cassure, puis fondues au creuset (fig. 6, pl. III). On obtient ainsi
des aciers très homogènes, réguliers à tous les degrés de carburation et répondant
à tous les besoins.

Ces *aciers fondus*, ou *aciers fins*, sont supérieurs à ceux des nouvelles méthodes,
surtout pour l'outillage. Cela tient au choix des matières premières et à leur
traitement au charbon de bois. Les fers de Suède, de Styrie et d'Allevard sont
seuls employés. Cette supériorité tient aussi à la régularité de qualité que donnent
les procédés de fabrication. Voici une classification générale, nous donnerons plus
loin celle des aciers à outils.

CLASSIFICATION DES ACIERS FONDUS

| CARBONE %      | EMPLOIS                                               |
|----------------|-------------------------------------------------------|
| 0.5  à 0.6     | Canons de fusils. — Baïonnettes. — Faux. — Ressorts.  |
| 0.6  à 0.8     | Marteaux. — Sabres. — Scies.                          |
| 0.8  à 1.0     | Rasoirs. — Burins. — Gros outils à métaux.            |
| 1    à 1.10    | Forets. — Limes. — Outils moyens.                     |
| 1.10 à 1.20    | Burins et petits outils à métaux.                     |

Disons de suite que la qualité d'un acier à outil ne peut être établie que par
la pratique. C'est en faisant travailler un outil et en pesant les copeaux tombés
jusqu'à usure de l'outil que l'on pourra établir une comparaison pratique entre
deux outils faits par le même ouvrier.

La fusion au creuset se prête à la confection d'alliages et c'est ainsi qu'on
obtient les aciers : au *manganèse*, au *chrôme*, au *wolfram*, dont nous nous occuperons
en parlant de la trempe des outils.

## ACIERS BESSEMER ET MARTIN-SIEMENS

Bessemer décarbure par insufflation d'air la fonte en fusion dans le *Convertisseur* (fig. 4, pl. III). La fonte doit être *chaude*, c'est-à-dire contenir assez de
carbone et de silicium pour que leur combustion maintienne la température du
bain. Une opération dure quelques minutes.

La garniture basique (dolomie) du convertisseur et l'addition de chaux vive,
pratiquées vers 1879, par MM. Thomas et Gilchrist, ont permis de traiter les
fontes phosphoreuses. L'acier ainsi obtenu est improprement dit ACIER DÉPHOSPHORÉ.

Ce procédé donne des aciers doux, moins carburés qu'avec la garniture siliceuse.

Martin, fabricant français, décarbure la fonte mise en fusion sur la sole d'un tour à reverbère (fig. 3, pl.III) par addition de fer, d'acier ou de minerais riches. L'opération est facilitée par la haute température due au récupérateur de chaleur de Siemens ; de là la réunion des noms Martin-Siemens pour qualifier le procédé. La garniture basique donne aussi des aciers plus doux.

Dans les deux procédés, l'opération se termine par l'addition de ferro-manganèse (*spiegel eisen*), qui adoucit le métal au point voulu en réduisant l'oxyde de fer dissous dans la masse. Le métal est coulé en lingots, puis martelé ou laminé.

Ces deux procédés, dépassant le but de leurs inventeurs, ont permis d'obtenir toute la série des carbures de fer qui tendent à se substituer à tous les autres produits. Le terme le moins carburé (acier extra-doux, fer fondu, fer homogène) se soude, mais ne se trempe pas ; il est plus homogène que le fer puddlé en ce qu'il est exempt de scories, il est analogue aux meilleurs fers de Suède.

Au contraire, les termes les plus carburés se trempent, mais ne se soudent plus ; sont comparables aux aciers fondus au creuset.

Le four Martin se prête mieux que la cornue Bessemer aux alliages et à l'obtention de grandes masses fondues. Aussi c'est au four Martin que se coulent les pièces de machines en acier, et que se font les alliages d'acier au chrôme pour tôles et projectiles, et que plus récemment le Creusot a obtenu les plaques de blindage en acier au nickel.

**Classification des aciers Bessemer et Martin-Siemens.** — La seule classification qui existe est basée sur le coefficient de rupture qui croît avec la teneur en carbone.

### CLASSIFICATION DES ACIERS POUR CONSTRUCTIONS

| DÉSIGNATION | CARBONE °/₀ | RUPTURE | | ALLONG. °/₀ | | EMPLOIS |
|---|---|---|---|---|---|---|
| 1. Fer homog. | 0.05 à 0.1 | 35 à | 40 | 30 à | 25 | Qualité fer de Suède. |
| 2. Extra-doux. | 0.1  0.15 | 40 | 45 | 25 | 22 | Pièces forgées, étampées, billettes, clous. |
| 3. Très doux. | 0.15  0.2 | 45 | 50 | 23 | 21 | Const. métalliques, bêches. |
| 4. Doux . . . | 0.2  0.25 | 50 | 55 | 21 | 19 | Tôles et cornières. |
| 5. Demi-doux. | 0.25  0.3 | 55 | 60 | 19 | 17 | Ressorts, sommiers, petite forge. |
| 6. Demi-dur . | 0.3  0.35 | 60 | 65 | 17 | 15 | Rails, bandages, longerons, essieux. |
| 7. Dur. . . . | 0.35  0.45 | 65 | 70 | 15 | 13 | Fils, taillanderie. |
| 8. Dur-dur. . | 0.45  0.55 | 70 | 75 | 13 | 11 | Fourches, fils, limes, outils de mines. |
| 9. Très dur. . | 0.55  0.65 | 75 | 80 | 11 | 9 | Pièces de machines, ressorts, faux, fusils. |
| 10. Extra-dur . | 0.65  0.80 | 80  100 | | 9 | 4 | Outils fins, petits ressorts. |

Les aciers de 40 à 60 kilogrammes sont les plus intéressants pour les constructions, parce que, seuls, ils se laminent en tôles et profilès ; se forgent ou se coulent en moules pour pièces de machines.

Suivant la nature de l'application, construction ou outillage, ce qu'on entend

par acier de première qualité est donc tantôt un acier extra-doux ou extra-dur,
Cette appellation n'a donc qu'une signification relative.

**Acier coulé non martelé (lingot).** — Les lingots d'acier coulé présentent
généralement à leur surface ou dissimulées sous une mince paroi quelques
soufflures que le martelage ou le laminage font disparaître.

Withworth annule les soufflures en comprimant le lingot encore liquide,
lequel est ensuite forgé à la presse hydraulique. Ce procédé de compression est
appliqué au bronze phosphoreux. Il a été essayé puis abandonné en France.

Dès qu'on put obtenir de grandes quantités d'acier fondu, on eut l'idée de
le couler en pièces, comme la fonte. Mais, outre les soufflures qui se produisent
plus nombreuses, les inconvénients énumérés pour la fonte moulée acquièrent ici
plus d'intensité.

Suivant que le refroidissement est plus ou moins rapide, la structure moléculaire est plus ou moins cristalline; le retrait produit des tensions inégales et,
par suite, un état moléculaire instable. On combat en partie ces effets par les
recuits. Ces inconvénients croissent à mesure que l'acier est plus carburé. Aussi
coule-t-on de préférence l'acier doux résistant de 50 à 60 kilog., avec allongement
de 5 à 1 %. Par le recuit, cet allongement atteint 8 à 3 %. La trempe à l'huile
suivie d'un recuit, élève la résistance et donne des allongements de 15 à 5 %.
L'effet de la trempe est d'autant plus complet que les pièces sont plus minces,
puisqu'elle agit surtout à la surface.

On a aussi substitué l'acier coulé au fer forgé, surtout pour les grosses pièces
dont le martelage n'a d'effet qu'à la surface. On évite ainsi les défauts de soudure,
et le grain de l'acier, plus fin et plus homogène que celui du fer, donne des
surfaces de tourillons plus régulières, mieux polies, moins sujettes à gripper.

Les pièces qui doivent être tournées et rabotées sont coulées à des dimensions
suffisantes pour que ce travail enlève les soufflures de la surface. On ne pourrait
en tolérer, par exemple, sur un tourillon. Mais pour des pièces telles que plaques
ou bâtis de grues, pivots d'écluses, et toutes pièces devant résister à des chocs,
à l'usure, et pour lesquelles les petites soufflures de la surface n'ont pas d'inconvénients, on doit préférer l'acier coulé à la fonte.

## TREMPE DES ACIERS

Les aciers contenant de 0,4 à 1,5 % de carbone jouissent de la propriété
remarquable de durcir par la trempe. La trempe consiste simplement dans le
refroidissement brusque de l'acier préalablement chauffé comme nous le dirons.
Le chauffage préalable pour le forgeage de l'outil doit être fait avec d'autant plus
de soin et moins élevé que l'acier est plus carburé puisque nous savons qu'il est
d'autant plus fusible. Quand l'acier est trop chauffé, on dit qu'il est brûlé; il est

en partie décarburé. On doit alors casser le bout qui est brûlé s'il s'agit d'un outil, et le refaire. On a proposé divers mélanges en pâtes pour récarburer l'acier brûlé.

| 1° | 2° | 3° |
|---|---|---|
| Savon noir........ 250 gr. | Huile de poisson | Carbonate |
| Blanc de baleine... 100 gr. | et | de soude |
| Gomme arabique... 150 gr. | noir de fumée. | pur. |

Mais cette opération ne nous paraît pas toujours certaine.

La trempe, dans son acception générale, suivant la nature des aciers et les procédés employés, a pour effet :

1° De donner à l'acier une dureté plus ou moins grande; c'est le cas des outils et instruments tranchants, de ceux travaillant au choc, ou par frottement;

2° De donner à l'acier une grande élasticité; c'est le cas pour les ressorts de toutes formes et dimensions;

3° De donner à l'acier une résistance plus grande et surtout uniforme, en rétablissant l'égalité des tensions moléculaires. C'est le cas des trempes spéciales que l'on fait subir, en cours de fabrication, aux fils d'acier que l'on veut de grande résistance. Le second cas est celui des trempes à l'huile, aux bains basiques, au plomb, etc., que l'on fait subir aux grosses pièces de forge, telles que les plaques de blindages ou aux pièces d'acier, coulées en moules, par lesquelles le retrait et le refroidissement inégal créent des tensions moléculaires inégales et par conséquent un équilibre moléculaire instable, cause de ruptures en apparence inexplicables.

Nous nous occuperons surtout de la trempe des outils.

La trempe comprend, en général, sauf quelques exceptions, deux opérations :

La trempe proprement dite et le recuit.

L'acier, chauffé et trempé dans l'eau, est dit trempé dans toute sa force, et, s'il est très carburé, il est cassant au moindre choc et doit être recuit.

Le recuit, qui est la deuxième opération, a pour but de ramener l'acier au degré de dureté suffisant pour le travail à faire, tout en restituant ainsi au métal une partie de son élasticité.

Si on polit une face d'une pièce trempée dans toute sa force et qu'on la chauffe graduellement, on voit apparaître les colorations suivantes :

| 220 degrés, | jaune pâle. . . . . . | ⎫ | |
|---|---|---|---|
| 240 — | jaune plus foncé . . . | ⎬ | Outils à métaux. |
| 260 — | jaune orangé. . . . . | ⎭ | |
| 270 — | pourpre . . . . . . . | ⎫ | |
| 285 — | violet . . . . . . . . | ⎬ | Outils à bois. |
| 300 — | bleu. . . . . . . . . | ⎭ | Ressorts. |

Chaque couleur correspond à une dureté constante pour le même acier.

Si donc, dès qu'apparaît la couleur voulue, on plonge la pièce dans l'eau, elle conservera cette couleur et sa dureté correspondante.

Les outils à métaux, se trempent à l'une des couleurs jaunes jusqu'à l'orangé.

Les outils à bois, se trempent de l'orangé au bleu violacé.

La couleur bleue correspond à une trempe faible et s'applique aux aciers pour ressorts qui ne demandent que de l'élasticité.

Voici d'abord une classification des aciers à outils et conditions d'emplois. Cette classification est celle de la maison Jacob Holtzer et Cie à Unieux (Loire).

| | |
|---|---|
| **SPÉCIAL EXTRA-DUR**<br><br>**0** | Pour outils à tourner et planer des matières dures, telles que : cylindres en fonte blanche, projectiles en acier dur, bandages de locomotives ayant fait du parcours; pour lames d'alésage et couteaux de rayage de canons, etc.<br><br>*Forger et tremper avec soin au rouge sombre.* |
| **EXTRA-DUR**<br><br>**1** | Pour petits outils à tourner, raboter et mortaiser ; planes, forets, alésoirs, grattoirs, tiers-points pour scies à métaux, rasoirs, lames à rhabiller les moules, etc.<br><br>*Forger et tremper : comme pour 0.* |
| **TRÈS DUR**<br><br>**2** | Pour moyens outils à tourner, planer, mortaiser et raboter; forets, poinçons, tarauds, fraises de moins de 30 millimètres de diamètre, marteaux de moulin, égalissoirs, pistolets de mine pour pierre dure, etc.<br><br>*Forger avec soin au rouge. Tremper au rouge les outils à couper dont l'extrémité seule est trempée et au rouge sombre les outils devant être trempés en entier.* |
| **DUR**<br><br>**3** | Pour gros outils de tour : marteaux de moulin, petites lames de cisaille, poinçons, fraises, alésoirs, tarauds et forets de moyennes dimensions, petits coussinets, pistolets de mine pour pierre dure, etc.<br><br>*Forger et tremper : comme pour 2.* |
| **DUR**<br><br>**4** | Pour burins et bédanes, tranches à chaud, lames de cisailles moyennes, poinçons, fraises, alésoirs, tarauds et forets de grosses dimensions, coins de monnaie, pistolets de mine, etc.<br><br>*Forger et tremper un peu plus chaud que 2 et 3, peut se souder avec du borax.* |
| **DUR TENACE**<br><br>**5** | Pour tranches à froid, marteaux, chasses et tous outils de forge, grosses lames de cisaille, pistolets de mine pour pierre douce, outils à choc pour visserie, clouterie et boulonnerie, outils à découper, étampes, gros poinçons et tarauds, etc.<br><br>*Forger et tremper au rouge cerise, se soude bien.* |
| **TENACE**<br><br>**6** | Pour matrices, bouterolles, marteaux, pour aciérage de tas, marteaux, outils de menuisier, etc. Étampes, mandrins, etc.<br><br>*Forger rouge clair. — Tremper rouge cerise, se soude facilement.* |

Nous avons reproduit, pl. V, les colorations successives de chauffe et de recuit et indiqué en regard les outils auxquels elles conviennent.

On doit opérer la trempe dans un atelier peu éclairé, orienté au Nord, afin de mieux juger des colorations de chauffe et de recuit, ce qu'il serait impossible de faire au soleil. Examinons les modes de chauffer l'outil, la nature du bain et les modes d'opérer le recuit.

**Chauffe.** — Les aciers corroyés, qui sont peu carburés et employés par les taillandiers, se chauffent au rouge clair au feu de forge.

Les aciers fondus se chauffent d'autant moins qu'ils sont plus carburés.

Ce chauffage se fait simplement au feu de forge bien allumé et promptement, ou bien, pour des pièces délicates, dans un tube fermé par un bout, en terre réfractaire et placé dans un feu de forge (fig. 3).

**Chauffe au plomb.** — Le plomb fondu et porté au rouge vif est un bon moyen pour chauffer régulièrement des pièces finies de forme, telles que les limes, les fraises, etc. Pour protéger la vive arête, dite la fleur, des parties coupantes, comme pour les limes et certaines fraises, on les enduit d'une couverte : on les plonge dans un mélange de suie et de corne séchée et pulvérisée, délayée dans de l'eau salée ou l'urine. Une fois la couverte sèche, on plonge la pièce dans le plomb, puis on trempe et on fait revenir s'il y a lieu.

**Bain de trempe.** — Le liquide le plus employé est l'eau ; il faut éviter l'eau calcaire qui refroidit moins vite ; on emploie de préférence l'eau de pluie, et, pour de grosses pièces surtout, celles en fer cémenté dont nous parlerons ; on emploie avec avantage l'immersion dans l'eau courante. Si le bain d'eau doit servir d'une façon continue, on y ajoute une certaine quantité de sel marin (chlorure de sodium).

La trempe est plus ou moins énergique, suivant la température de l'eau. C'est ainsi que certains ressorts de fusil sont trempés simplement dans l'eau à 55 degrés et sans recuit. Certains aciers pour ressorts de wagons, etc., sont aussi trempés dans l'eau à 100 degrés sans recuit.

La trempe à l'eau occasionne souvent dans les aciers durs des criques ou des ruptures. On obtient une trempe plus douce dans un bain d'eau surmonté d'une couche d'huile, ou dans un bain d'huile, ou dans un mélange de matières grasses, huile, suif, cire, etc.

Pour certaines pièces, telles que les fraises, qui présentent une certaine épaisseur et qui doivent avoir les coupants durs, on les plonge rapidement dans l'eau en les tenant suspendues par le centre ; puis, on les sort pendant que le centre est encore rouge et on les plonge dans un bain d'huile où on les laisse refroidir, enfin on les recuit.

On trempe quelquefois dans l'eau aiguisée de quelques gouttes d'acide sulfurique ou nitrique ; on obtient ainsi une plus grande dureté, mais aussi une plus grande fragilité. La trempe au mercure, peu usitée, peut être employée pour de petits outils, forets ou burins, etc.

Pour des objets de petites dimensions, demandant une trempe douce et de l'élasticité tels que : scies, poinçons, aiguillons, hameçons, ressorts, on emploie un mélange d'huile de baleine 2, suif 2, cire 1 partie, préalablement fondu.

Une eau contenant 3 °/₀ de gomme arabique en dissolution, convient aussi pour de petits outils : tarauds, forets, burins. Une solution concentrée de gomme arabique est un carburant ; elle adoucit l'acier au lieu de le durcir.

L'eau de savon agit de même en atténuant la trempe à mesure que la solution est plus concentrée.

Des pièces très minces se trempent suffisamment sans recuit, en les serrant entre les mâchoires d'un étau, ou en les agitant vivement dans l'air.

Les sabres de Damas se trempaient ainsi, dit-on, dans un simple courant d'air provoqué entre deux murs, ou au galop des cavaliers faisant le moulinet.

**Recuit.** — Les pièces trempées sur toute leur étendue et qui doivent être recuites sont chauffées doucement sur un feu de charbon de bois bien allumé ou mieux dans un bain de sable placé sur une tôle posée elle-même sur un feu de forge, ou dans un tube en terre réfractaire placé sur un feu de forge (fig. 5, pl. V).

Les petits outils ou pièces peuvent se recuire sur un barreau (fig. 7, pl. V), ou (fig. 8) entre les mords d'une tenaille de forge chauffés au rouge. Aussitôt qu'on voit apparaître la coloration voulue, on précipite l'objet dans un seau d'eau placé à proximité de l'opérateur.

Pour de petits outils, forets, poinçons, etc., qui ne sont trempés souvent qu'à une extrémité et s'échauffent très vite, il n'est pas facile de saisir l'arrivée de la coloration voulue. On les recuit alors à l'huile flambante ou au suif. Après les avoir trempés et séchés, on les plonge dans l'huile ou le suif, et on présente le corps de l'outil à la flamme d'une bougie ou d'une lampe directement, ou mieux à la flamme déviée par le jet d'un simple chalumeau.

Dès que le suif répand des fumées blanches, on a atteint le jaune ;

Les fumées abondantes et colorées correspondent à l'orangé.

Enfin, au moment où le suif s'enflamme, on a atteint le bleu.

Les aciers en lames minces pour ressorts et scies, après avoir été trempés dans l'huile de baleine avec suif-cire et 1 °/₀ de résine, sont simplement essuyés avec un cuir et placés sur un feu de coke bien allumé jusqu'à ce que l'huile adhérente prenne feu, on plonge dans l'eau et on a la coloration bleue.

**Bains métalliques.** — Pour obtenir un recuit bien uniforme, dans toutes les parties d'une pièce trempée, M. Parkes a proposé le recuit dans des bains métalliques dont le point de fusion soit bien déterminé.

Le plomb pur fond à 330 degrés, l'huile de lin bout à 312 degrés.

Mais nous ne connaissons pas d'atelier où on emploie ces alliages.

4

Voici ces alliages :

| Plomb. | Étain. | Degrés. | | Plomb. | Étain. | Degrés. | |
|---|---|---|---|---|---|---|---|
| 7 | 4 | 216 | Jaune très pâle. | 19 | 4 | 265 | Pourpre. |
| 8 | 4 | 2:8 | Jaune pâle. | 30 | 4 | 277 | Violet. |
| 8.5 | 4 | 232 | Jaune paille. | 48 | 4 | 288 | Bleu. |
| 14 | 4 | 254 | Jaune orangé. | 50 | 4 | 292 | Bleu terne. |

Pour mieux fixer les idées, indiquons l'opération complète pour quelques outils.

**Trempe des outils de tour, burins, etc., à un seul coupant.** — Pour tous ces outils, on ne trempe que l'extrémité de l'outil, brute de forge, qui sera ensuite affûtée à la meule pour former l'arête coupante.

Tant que ces outils ont une certaine section, on peut effectuer la trempe et le recuit en une seule chaude.

Nous prenons pour exemple la trempe d'un burin d'ajusteur (fig. 4 pl. V). Après avoir forgé l'outil, on le chauffe sur une certaine longueur, puis on trempe dans l'eau, sur une longueur de quelques millimètres, le taillant seul, jusqu'à ce qu'il soit noir sur 1/3 ou 1/4 de la partie chauffée; on le retire et on blanchit promptement une face de la partie trempée en la frottant sur un grès ou pierre dure. Le corps de l'outil encore rouge opère le recuit de cette extrémité trempée, et, dès qu'on voit apparaître la coloration voulue, on plonge l'outil dans l'eau jusqu'à refroidissement complet. Puis on l'affûte à la meule. Il faut une certaine attention, car les colorations se suivent de près.

**Trempe des tarauds, coussinets, etc., sur toute leur étendue.** — Tous ces outils, qui sont entièrement trempés, sont d'abord trempés dans toute leur force, puis recuits par une deuxième opération.

La chauffe de ces outils se fait au feu de forge bien allumé ou bien dans un tube en terre réfractaire (fig. 5, pl. V), bouché par un bout, et placé sur le feu de forge. Une fois chauffés au point voulu, on trempe les tarauds dans l'eau en les plongeant à peu près perpendiculairement à la surface du liquide, puis, une fois plongés, on agite un peu pour accélérer le refroidissement.

Pour effectuer le recuit régulièrement, on réchauffe les pièces en les mettant et en les retournant sur un bain de sable placé lui-même sur une tôle et sur le feu de forge. Dès que la couleur jaune orangé est atteinte uniformément, on plonge dans l'eau jusqu'à refroidissement complet.

Pour de petites pièces, comme un coussinet de filière, etc., on recuit sur un barreau de fer chauffé au rouge (fig. 7, pl. V).

Pour des pièces minces, comme une lame d'alésage, etc., on peut la recuire en la serrant dans une tenaille de forge chauffée au rouge (fig. 8 pl. V).

# MACHINE A REDRESSER
## LES TARAUDS, FORETS, ALÉSOIRS, ETC. (fig. 5)
### PAR MM. HURTU ET HAUTIN

L'opération de la trempe, si bien exécutée qu'elle soit, voile toujours, plus ou moins, les pièces à section à peu près régulière. Ces flexions peuvent être redressées dans le recuit qui suit la trempe qu'on appelle communément « *faire revenir* »; mais il faut pour cela une grande habitude; encore court-on le risque de rompre la pièce.

Fig. 5.

Une machine possédant les organes nécessaires et les dispositions convenables pour exécuter rapidement cette besogne a été créée par MM. Hurtu et Hautin, les constructeurs de mécanique de précision bien connus. Nous en indiquons les points principaux.

La pièce trempée à redresser est montée en pointes ou sur des V, suivant ses dimensions. On recherche, à l'aide d'un indicateur en avant de la figure, le point où se trouve le maximum de flexion, puis la pièce est placée de façon à ce qu'elle présente à la vis de pression la bosse trouvée, et, pendant qu'un brûleur à gaz la « *fait revenir* » au point désiré, on lui fait supporter des pressions de plus en plus fortes qui arrivent à la fléchir en sens inverse d'une quantité légèrement supérieur et à la flexion de la trempe. L'ouvrier modère la température et refroidit la pièce lorsqu'il pense avoir atteint le but désiré. Une nouvelle opération est souvent nécessaire et on arrive enfin au résultat désiré.

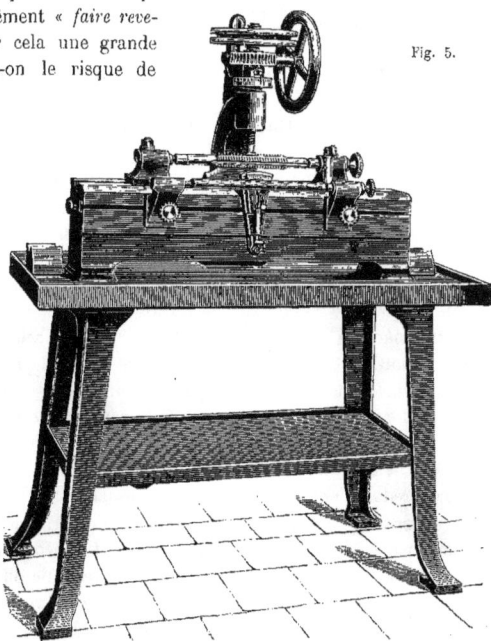

La pression se fait, pour les petites pièces par une simple vis actionnée à la main par un volant. Chaque dixième de millimètre de descente de la vis ou, mieux, de flexion de la pièce, est indiqué par un bruit sec que produit contre la jante du volant un petit butoir. Comme l'indicateur a révélé la flexion, l'ouvrier sait la quantité dont il doit fléchir la pièce : il lui suffit de compter les dixièmes passés pour fléchir la pièce de la quantité voulue.

Pour les pièces plus fortes, un écrou à deux pas différentiels, mu par une roue hélicoïdale portant un disque gradué et à vis sans fin, permet d'obtenir, sans peine, de fortes pressions. L'ouvrier lit ces flexions sur le cadran gradué qui les marque au vingtième de millimètre.

Le système de conduite par vis sans fin offre la particularité d'être, lui-même, monté sur l'écrou qu'il conduit; de sorte que, dans toutes les positions de la vis, si l'effort devient trop considérable pour être vaincu à la main, l'ouvrier peut employer la vis sans fin.

Avec cette machine, on arrive, après quelques essais, à redresser parfaitement, non seulement les tarauds, arbres, etc.; mais les pièces les plus diverses : règles, branches, etc., en acier trempé, que bien des ouvriers eussent considérées comme perdues par suite des déformations de la trempe.

Pour les forets à spires, si sujets à se déformer, elle est d'un grand secours, fait vite, et presque à coup sûr, le travail désiré.

Cette machine peut redresser des arbres en acier ayant subi la trempe jusqu'à 50 millimètres de diamètre, de sorte que, à la rectification de l'arbre à la meule, la surface trempée soit d'épaisseur uniforme et d'égale dureté, ce qui n'a point lieu lorsque la rectification est faite sans redressage.

Cette machine nous paraît indispensable aux ateliers faisant l'outillage.

Disons, en terminant, que le sommier formant bâti de la machine est creux et sert de réduit pour mettre les accessoires de la machine sous clef.

**Indicateur des déformations.** — Les déformations dues à la trempe sont ndiquées par un appareil à cadran gradué : La pièce à redresser est montée en pointes entre les poupées fixées sur la face verticale du banc de la machine, et là, peut être mise en rotation lente à l'aide de la main.

L'indicateur, accroché au bâti, s'appuie sur la face verticale du banc et présente, à la pièce, une plaquette qu'un petit ressort à boudin applique constamment contre la pièce à essayer.

Les mouvements excentriques de l'arbre sont transmis à l'aiguille qui indique sur le cadran, en les multipliant, les déformations de la pièce trempée : un vingtième de millimètre est représenté au cadran par un millimètre.

Tout l'appareil glisse à frottement contre le banc de la machine. On le déplace suivant le point à examiner, et bientôt on connaît la partie la plus déformée, ,est-à-dire celle sur laquelle on doit agir à la machine.

Après chaque tentative de redressage, la pièce est de nouveau essayée à l'indicateur jusqu'à ce que l'aiguille reste au repos, et que, par suite, la pièce soit redressée.

Cet appareil révèle aussi le défaut des pièces tournées faux-rond ou ovales : le cintrage d'une règle, etc.

## ACIER CHROMÉ

Les usines Jacob Holtzer et C$^{ie}$, à Unieux (Loire), exposaient en 1878 les premiers échantillons de l'acier au chrome obtenu par l'emploi d'un ferro-chrome fabriqué spécialement dans ces usines. Aujourd'hui, ces aciéries livrent couramment trois types de ces aciers, qu'ils dénomment : chrome Holtzer B$^1$, B$^3$ et B$^4$.

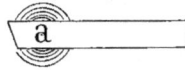

Fig. 6.

**Chrome B$^1$.** — Cet acier, après la trempe, est d'une dureté excessive. Une mèche faite avec cet acier peut percer l'acier Wolfram (Mushet), ci-après.

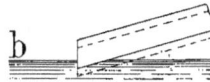

En raison de cette dureté, cet acier ne convient que pour des outils sans choc et à un seul coupant : outils de tours, de raboteuses, mèches, fraises, etc. Pour forger et tremper cet acier, on doit procéder comme suit :

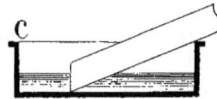

Chauffer au rouge cerise et forger comme pour les aciers durs; laisser refroidir. Pour tremper, on chauffera vers *a* (fig. 6), un peu en arrière du tranchant, pour ne pas l'exposer trop directement à la flamme, en laissant la chaleur se communiquer peu à peu au tranchant. Quand l'extrémité de l'outil est au rouge cerise, plonger le bec de l'outil dans l'eau froide propre *(b)*, en faisant osciller l'outil verticalement de quelques millimètres, afin que le passage de la partie trempée à celle non trempée se fasse par une petite transition. Au bout d'un moment, et avant refroidissement complet, poser l'outil dans un vase contenant de quelques millimètres à 1 centimètre de hauteur d'eau *(c)*, suivant la grosseur de l'outil, et le laisser refroidir.

Il n'y a pas lieu de faire revenir.

**L'acier chrome B$^3$**, un peu moins dur que le précédent, peut être employé pour les outils trempés en entier : tarauds, fraises, forets, etc. On le forge et on le trempe au rouge cerise clair, puis on fait revenir au jaune orangé.

**L'acier chrome B$^4$**, *dur-tenace*, moins dur que le précédent, convient pour les mêmes outils, mais de plus fortes dimensions.

Forger et tremper au jaune orangé, sans dépasser le point où les pellicules d'oxyde commencent à se former. Faire revenir au jaune.

En général, l'acier chromé exige pour la trempe une température un peu plus élevée que l'acier à outil ordinaire. La cassure est un indice certain de l'opération.

Si la trempe a été faite à une température convenable, la cassure a un grain très fin, mais perceptible; cette texture correspond au maximum de dureté convenable pour un bon outil.

Trempé moins chaud, le grain est plus fin, la cassure presque vitreuse, outil moins dur.

Trempé plus chaud, grain plus accentué et brillant, outil plus dur, mais il s'égrène.

## ACIER WOLFRAM-HOLTZER POUR OUTILS NON TREMPÉS

Ce genre d'acier, connu dans le commerce sous les dénominations d'acier *Mushet*, *Titanique*, *Infernal*, etc., est, grâce aux fortes proportions de carbone et de wolfram qu'il renferme, d'une dureté telle qu'il peut être transformé en outils n'ayant pas besoin d'être trempés. Mais, à cause de cette excessive dureté naturelle, il est par contre assez difficile à travailler et ne se prête bien qu'aux outils de formes simples (tours, mortaiseuses, raboteuses, forets, etc.), pouvant être obtenus par le forgeage et le meulage, sans intervention d'un travail mécanique quelconque.

Il convient tout spécialement pour le travail des métaux doux et mi-durs. Et, par le fait que l'outil n'est pas trempé, on peut, sans inconvénient, augmenter sensiblement la vitesse du tour sans pour cela que sa dureté soit diminuée par l'échauffement. Pour la même raison de la suppression de la trempe, on évite les inconvénients de cette opération, généralement assez délicate.

Le traitement des aciers à la forge nécessite certaines précautions comme suit :

Découper les barres à chaud pour obtenir les longueurs nécessaires.

Chauffer l'acier lentement, graduellement et bien à cœur au rouge cerise clair, presque au jaune soudant.

Le forger alors assez rapidement et à petits coups jusqu'à ce que l'outil ait la forme voulue, mais en ayant bien soin de le réchauffer aussitôt que la température descend vers le rouge cerise et autant de fois qu'il est nécessaire.

Éviter seulement de le battre à froid, ou même au rouge sombre, contrairement à ce qu'on recommande généralement pour les aciers à outils ordinaires.

Si l'acier s'écrase sous le marteau, s'il devient pailleux, ou s'il se fend, c'est qu'il a été chauffé trop vite ou pas assez, ou qu'on l'a forgé trop froid. Il faut alors couper la partie défectueuse et recommencer le forgeage en suivant les recommandations ci-dessus.

Quand l'outil est fini de forge, le réchauffer au rouge cerise et le laisser refroidir *librement* à l'air. Le meuler, ne pas le tremper.

**Acier au manganèse.** — Le manganèse seul ne donne pas à l'acier une dureté plus grande que le carbone, mais il jouit de la propriété d'accroître la proportion de carbone sans que le métal passe à la fonte. L'acier au manganèse est donc très dur après la trempe, mais il est aussi cassant.

Nous avons rapporté de l'exposition de 1862 à Londres un petit outil formé de deux plaques d'acier inclinées entre elles et servant à aiguiser les couteaux. Ces plaques étaient de l'acier à 12 ou 15 °/₀ de manganèse, mais ces outils affûtaient les couteaux en usant promptement la lame.

**Outils en acier cémenté.** — Certains constructeurs emploient pour la confection des tarauds et surtout des fraises qui sont entièrement trempés et présentent une certaine épaisseur, des aciers fondus peu carburés. Ces outils étant dégrossis sont cémentés à nouveau en procédant comme nous le dirons pour le fer. Il résulte de cette pratique deux avantages :

1° La surface de l'outil qui seule travaille présente seule la dureté voulue après la trempe; le centre est moins dur, et par suite l'outil est plus élastique;

2° Le centre de l'outil étant moins carburé se trempe moins énergiquement et l'outil risque moins de se criquer ou même de se rompre à la trempe, il se déforme aussi bien moins; il *travaille* moins, en un mot.

**Soudure de l'acier.** — L'acier peu carburé notamment l'acier corroyé, peut se souder à lui-même ou avec le fer. Les amorces se font en général comme nous le dirons pour le fer (pl. IV). Pour empêcher l'oxydation des surfaces à souder, on les saupoudre avec du borax, ou en employant les plaques ou poudres que l'on vend à cet effet.

Voici une préparation indiquée par M. Herzog (1), on prend :

Borax. . . . . . . .   0 k., 500      Prussiate de potasse . . .   0 k., 070
Sel ammoniac. . . .   0     070      Limaille de fer non rouillée.  0     035

Le mélange, réduit en poudre dans un mortier, est versé dans un creuset en tôle; on ajoute de l'eau jusqu'à bouillie épaisse et on place le creuset sur un feu de bois en ayant soin qu'il ne soit en contact qu'avec la flamme et on agite constamment. On obtient ainsi une matière semblable à la pierre ponce, à nuances vertes et grises; on laisse refroidir et on pulvérise. On peut se servir alors de cette poudre pour saupoudrer en sortant du feu les portées ou surfaces suivant lesquelles doit se faire la soudure.

_____

(1) Mouvement industriel 1886.

CHAPITRE IV

# DU FER

**Généralités.** — Le fer est le métal primitif, base de la fonte et de l'acier ; il est malléable, ductile, tenace ; il fond à 1800° ou 2000° et se soude à lui-même à la température dite *blanc soudant*. Sa densité est 7$^k$,800 environ.

On l'obtient de la fonte par diverses méthodes mais surtout par le puddlage.

**Puddlage** (Angl. *to puddle*, gâcher, remuer). — C'est le procédé le plus important ; il consiste à décarburer et épurer la fonte sur la sole fixe ou mobile d'un four (fig. 3, Pl. III) dit *à puddler*, chauffé à la houille ou au gaz.

Ce procédé fut inventé, à la fin du siècle dernier, par l'Anglais H. Cort.

La qualité du fer, sa texture à grain ou à nerf dépendent de celle de la fonte, de l'allure plus ou moins chaude du four et surtout du savoir-faire du puddleur.

La *loupe* résultant du puddlage est cinglée au marteau-pilon pour en expulser les scories et souder ensemble les parties ferreuses ; puis, après réchauffage, elle est laminée et donne ainsi le *fer ébauché*.

Les scories restant dans la loupe (4 à 5 °/₀) sont donc laminées avec le fer.

Ce fer étant de qualité très variable, on en forme des paquets qui, chauffés au blanc, soudés et laminés, donnent le *fer de qualité* ou *corroyé*, dont on fait les fers et tôles ordinaires du commerce.

Ce fer est le *fer soudé* ou *misé*, différent du *fer fondu*, que donnent les méthodes plus récentes.

Les corps étrangers modifient les qualités du fer, diminuent sa malléabilité ; ils proviennent du minerai ou du combustible employés dans le haut-fourneau.

Le *carbone* rend le fer plus dur et la trempe accroît légèrement sa résistance.

Le *soufre* rend le fer rouverin, c'est-à-dire insoudable et cassant à chaud (360°).

Le *phosphore* rend le fer mou et malléable à chaud, mais cassant à froid.

Le *cuivre* rend le fer rouverin, mais moins que le soufre, il suffit pour s'en convaincre de jeter un peu de brasure dans un feu de forge.

**Classification par qualité.** — Les fers et tôles se classent par numéros, suivant la qualité indiquée par la résistance à la rupture et surtout par l'allongement du métal avant cette rupture. Les barreaux d'essai doivent avoir les mêmes dimensions pour que ces essais soient comparatifs.

Les chemins de fer, la marine et nos grandes administrations n'emploient que quatre catégories de fers, correspondant aux n$^{os}$ 4 à 7 du classement général.

CONDITIONS DE RÉSISTANCE DES FERS

| NUMÉROS . . . . . . | ORD. DU COMMERCE | | CATÉGORIES MARINE | | | |
|---|---|---|---|---|---|---|
| | 2 | 3 | 4 | 5 | 6 | 7 |
| Rupture. . . . . . . . . . . | 32 | 34 | 35 | 36 | 37 | 38 à 40 |
| Allongement %. . . . . . . | 10 | 12 | 15 | 18 | 20 | 25 |
| Coefficient de qualité à chaud. | 50 | 60 | 70 | 80 | 90 | 100 |

Voici comment sont déterminés au Creusot ces coefficients de qualité à chaud. On fait sur des fers ronds de 20 millimètres chauffés à blanc un crochet d'équerre de 10 centimètres de long avec un congé de 5 millimètres de rayon; on le rabat à gauche puis à droite vivement, jusqu'à ce que le bout tombe; le nombre de crochets ou de repliages à 90 degrés ainsi formés en une seule chaude, étant multiplié par 5, donne les coefficients de qualité à chaud.

Voici, d'après les forges de Terrenoire, les conditions d'emploi des quatre catégories de fers qu'emploient la marine et les chemins de fer, correspondant aux nos 4 à 7 ci-dessus :

*Fers ordinaires*. — Qualité employée surtout à froid, pour bandages de roues, serrurerie, tôles et profilés.

*Fers forts*. — Fers à cheval, serrurerie difficile, rivets de ponts, tôles et profilés pour constructions courantes.

*Fers supérieurs*. — S'emploient à chaud et à froid pour chaînes, rivets de chaudières, tôles et profilés.

*Fers fins*. — Arbres de marine et machines, tôles fines pour foyers. — Cette qualité ne se lamine pas en profilés.

Les tôles présentent des allongements moindres que les fers en barres de même qualité, et, dans une même tôle, cet allongement est moindre en travers qu'en long dans le sens du laminage.

**Classification par échantillons (1).** — Les fers des différentes qualités précédentes se livrent au commerce :

1° En barres rondes, carrées, méplates, etc., de diverses dimensions;

2° Les fers fins s'étirent en fils pour câbles de mines, de marine, etc.;

3° En tôles et plats de toutes épaisseurs et de toutes dimensions;

4° En tubes ou fers creux pour constructions légères, et conduites d'eau, de gaz ou de vapeur ;

---

(1) Nous avons donné dans notre *Manuel des Constructions métalliques et mécaniques* les dimensions des fers profilés les plus usités.

5° En fer profilés de toutes formes dont les principales sont :

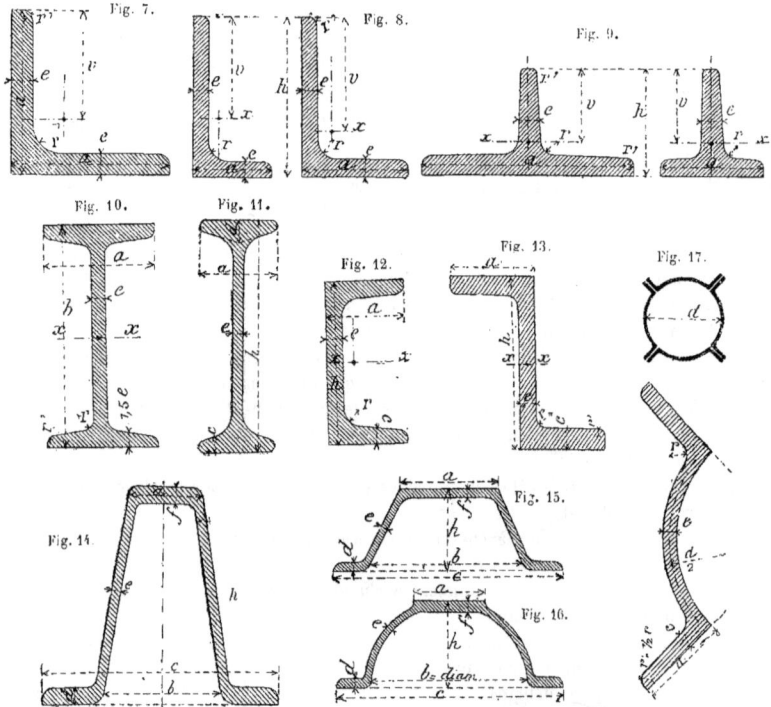

Fig. 7.   Fig. 8.   Fig. 9.   Fig. 10.   Fig. 11.   Fig. 12.   Fig. 13.   Fig. 17.   Fig. 14.   Fig. 15.   Fig. 16.

Fig. 7 et 8. Cornières à ailes égales ou inégales, $a = 0,5$ ou $0,66\ h.$;

Fig. 9. Fers à simple T, $a = h$ ou $a = 2\ h.$;

Fig. 10. Fers à double T, larges ailes, pour constructions;

Fig. 11. Fers à double T, petites ailes, pour planchers;

Fig. 12. Fers à U, pour constructions, ponts et charpentes;

Fig. 13. Fers à Z, pour constructions et poutrelles de ponts;

Fig. 14, 15, 16. Fers zorès divers pour poutrelles de ponts;

Fig. 17. Fers spéciaux pour former des colonnes.

Tous ces fers se font de diverses épaisseurs en éloignant plus ou moins les cylindres lamineurs.

6° Enfin, on fabrique un grand nombre de fers profilés à moulures de petites dimensions pour les travaux de serrurerie, vitrages, devantures, serres, ciels ouverts, marquises, etc.

Toutes les forges publient un album des fers qu'elles fabriquent avec toutes les indications nécessaires, telles que le poids et les charges qu'ils peuvent porter. Nous nous bornons à rapporter ici les charges uniformément réparties par mètre de longueur que peuvent supporter les fers à planchers à petites ailes (fig. 11).

*Fers à planchers, charges uniformément réparties, qu'ils peuvent porter, à 10 kilogrammes.*

| DIMENSIONS EN MILLIMÈTRES | | | POIDS par MÈTRE | PORTÉES EN MÈTRES ENTRE APPUIS | | | | | | | |
|---|---|---|---|---|---|---|---|---|---|---|---|
| h | a | e | | 2 | 2.5 | 3 | 4 | 5 | 6 | 7 | 8 |
| 80 | 39 | 4.5 | 7k | 843 | 675 | 562 | 420 | 337 | 280 | 240 | 210 |
| 100 | 42 | 5 | 9 | 1.285 | 1.027 | 856 | 642 | 513 | 428 | 367 | 321 |
| 120 | 44 | 5.5 | 10.5 | 1.880 | 1.500 | 1.250 | 940 | 750 | 625 | 537 | 470 |
| 140 | 48 | 6 | 13 | 590 | 2.073 | 1.728 | 1.300 | 1.037 | 860 | 740 | 630 |
| 160 | 52 | 6.5 | 15 | 3.550 | 2.840 | 2.360 | 1.774 | 1.420 | 1.180 | 1.013 | 887 |
| 180 | 56 | 7 | 19.5 | 4.868 | 3.890 | 3.244 | 2.434 | 1.950 | 1.620 | 1.400 | 1.217 |
| 200 | 58 | 7.5 | 22 | 6.150 | 4.920 | 4.100 | 3.075 | 2.460 | 2.050 | 1.758 | 1.537 |
| 220 | 62 | 8 | 25.5 | 7.826 | 6.260 | 5.217 | 3.913 | 3.130 | 2.600 | 2.237 | 1.956 |

## DE LA SOUDURE DU FER (Pl. IV)

Nous avons dit que le fer a la propriété de se souder à lui-même quand il est chauffé au blanc. Nous donnerons quelques exemples de cette soudure dont la pratique constitue la partie la plus essentielle de l'art du forgeron.

Le cas le plus habituel c'est celui de la soudure de deux barres par bout pour n'en former qu'une. On commence par faire les *amorces* (fig. 1) en refoulant le fer chauffé au rouge vif et en formant une face large inclinée à l'extrémité de chaque barre ; on chauffe une seconde fois les deux extrémités amorcées, dans le même feu si possible, de façon à les amener en même temps au blanc soudant. On porte alors les deux pièces sur l'enclume en faisant concorder les faces obliques, et on fait la soudure en frappant d'abord modérément, car alors le fer est très mou, de façon à faire adhérer toute la surface. La soudure doit être réussie dès les premiers coups de marteau, il est inutile de frapper fort une fois que le fer n'est plus au blanc, s'il n'est pas soudé, car alors il ne se soude plus. Une fois la soudure faite, et tant que le fer est chaud, on contre-forge et on pare pour donner aux barres réunies une section continue. Cependant si la nature de l'ouvrage le permet, il est préférable de laisser au fer une section un peu renforcée à l'endroit de la soudure.

Voilà la marche de l'opération mécanique. Mais revenons au chauffage des amorces. Il faut les chauffer le plus rapidement possible dans un feu bien allumé et propre, de façon à diminuer l'oxydation du fer sur les surfaces à souder, et, pour mieux empêcher cette oxydation, on projette sur le fer, un peu avant de le sortir du feu, du sable siliceux, ou du verre pilé, ou mieux encore du borax; il se forme un silicate de fer fusible. On vend aujourd'hui des plaques d'un silicate, ou borate, dont l'inventeur n'indique pas la composition, étendu en couche mince sur une toile métallique à fil mince très espacé; on en coupe un morceau de l'étendue des surfaces à souder, qu'on y applique au moment de faire la soudure. Ces plaques sont surtout avantageuses pour la soudure des fers fondus, ou aciers doux, qui sont un peu plus carburés que les fers soudés ou misés.

La figure 2 fait voir la disposition des amorces sur deux fers plats soudés perpendiculairement l'un à l'autre pour former un T.

La figure 3 donne les amorces pour deux fers plats soudés par bout pour former un angle d'équerre.

La figure 4 donne la disposition pour la soudure en bout de deux fers ronds; ces fers ont été refoulés normalement à leur axe, et la soudure se pratique en frappant à l'extrémité de l'un d'eux.

La figure 5 indique la disposition d'une soudure en bout pour former un T comme celui de la figure 2.

La figure 6 donne la disposition de la soudure à enfourchement.

Les figures 7 à 10 indiquent la façon de rapporter des mises d'acier.

Nous disons, page 45, en quoi consiste la soudure électrique.

**Outillage du forgeron.** — Après la forge elle-même et son soufflet, l'instrument le plus important c'est l'*enclume*. C'est une masse de fer présentant une table supérieure rectangulaire. Cette masse se termine par deux *bigornes* l'une ronde, l'autre carrée, équivalentes aux bigornes du tôlier et du ferblantier. La table supérieure de l'enclume et de ses bigornes a reçu une mise d'acier et a été trempée, ou bien elle a été cémentée et trempée, pour ne point se déformer sous les coups de marteau.

Une enclume doit donner sous le marteau un son clair, sinon on peut être sûr qu'elle comporte une paille ou fêlure qui deviendra apparente plus tard; il faut la rejeter. La table porte un ou deux trous pour recevoir de petits outils, tels que le tranchet et l'étampe pour six pans ou autres formes.

L'enclume repose sur un bloc de bois debout reposant lui-même sur le sol, et qui a pour effet d'atténuer les vibrations que produiront les coups de marteau.

L'outillage à main comprend le marteau à main, de 2 à 4 k. et les masses des frappeurs, de 8 à 10 k. La masse à la panne droite parallèle au manche sert surtout pour l'étirage du fer. Puis viennent les tenailles de formes et de dimensions appropriées à celles des pièces à tenir. Le forgeron fait ou modifie lui-même ses tenailles dans chaque cas.

Enfin, les outils les plus usuels sont les poinçons, ronds ou carrés, pour percer des trous à chaud. Ces poinçons sont trempés, il ne faut donc jamais les laisser trop longtemps dans le fer pour qu'ils n'arrivent pas au rouge; on les sort du trou après quelques coups de marteau et on les refroidit dans l'eau, puis on continue le travail.

La chasse à parer a pour objet de faire disparaître les coups de marteau.

La chasse ronde pare le fer rond en plaçant sur l'enclume une étampe ronde.

Le dégorgeoir forme et pare des congés que le marteau ne peut atteindre.

Enfin, la tranche sert à couper le fer à chaud, comme au burin.

Le fer pris entre le tranchet et la tranche est coupé plus promptement.

## CÉMENTATION ET TREMPE DU FER

Pour un grand nombre de pièces de machines soumises au frottement, on augmente leur résistance à l'usure en les cémentant puis en les trempant.

Dans les ateliers où cette opération se fait couramment, on établit un four comme celui représenté planche IV (1). On donne au coffre A des dimensions en rapport avec celles des pièces à cémenter. Les deux extrémités $a$, $b$ de ce coffre sont bâties d'une façon provisoire avec de la terre glaise.

Pour effectuer une opération, on fait au fond du coffre une couche de $0^m,10$ environ de cément, composé uniquement de charbon de bois pulvérisé avec environ 5 °/₀ de sel marin; on place une rangée de pièces, laissant entre elles quelques centimètres, on fait une nouvelle couche de cément et ainsi de suite. La couche supérieure de cément est un peu plus forte et on la recouvre d'une couche de terre glaise. Cette couche a pour but d'empêcher l'accès de l'air à travers le cément, ce qui provoquerait la combustion de l'acide carbonique qui s'y forme et oxyderait les pièces de fer.

Le four est surmonté d'un couvercle mobile B percé en $a$, $a$.

Le feu de coke étant allumé sur la grille, qui occupe ici toute la section du four, mais pourrait être réduite, les gaz s'élèvent par les canaux verticaux pratiqués sur les deux longs côtés du coffre A et s'échappent par les orifices $a$, $a$. Ces petits orifices servent aussi à régulariser le chauffage sur chaque côté.

On entretient le feu pendant environ trente à trente-six heures pour obtenir une couche d'acier de 1,5 à 2 $^{m/m}$. Des tiges ou témoins servent à juger de l'avancement de l'opération; puis on enlève le couvercle B et les murettes $a$ et $b$, et les pièces prises une à une sont immédiatement trempées à l'eau froide. On peut faire sur les pièces telles réserves que l'on veut en enveloppant les parties qu'on ne veut pas cémenter d'une légère couche de glaise bien pétrie.

(1) *Bulletin technologique de la Société des Anciens Élèves des Arts et Métiers* (février 1883), par M. F. Ayrolles (Aix).

**Cémentation en boîtes** (fig. 2, pl. V). — Quand on opère plus rarement et sur de petites pièces, on les dispose, entourées de cément, dans des boîtes en vieilles tôles de 8 à 10 $^m$/$^m$ avec cornières, que l'on enduit de terre glaise en dedans et en dehors pour en diminuer l'usure; on fait le couvercle de terre glaise recouvert d'une tôle à rebords rabattus, puis on chauffe le tout sur la sole d'un four à réchauffer (pl. III); ou si l'atelier n'en a pas, on bâtit, autour de la boîte placée sur deux murettes en briques de 0$^m$,25 de haut, quatre murs en briques, à jours, que l'on charge de quelques débris de ferraille pour retenir les briques supérieures et on allume un feu de coke autour de la boîte. Les murettes laissent au bas des orifices pour tisonner le feu et faire tomber les cendres. Pour les pièces longues, dont une extrémité seule doit être cémentée, on taille une paroi de la caisse et on entoure la partie extérieure de glaise et d'une tôle mince.

Comme précédemment, on fait pénétrer dans la caisse quelques témoins qui permettront de juger de l'avancement de l'opération qui dure aussi de douze à trente heures, suivant l'épaisseur d'acier que l'on veut. L'opération étant jugée terminée, on démolit tout, et les pièces sorties une à une sont trempées à l'eau.

Pour de petites opérations, on peut opérer sur un feu de forge.

**Cément.** — On a employé, comme cément, toutes espèces d'ingrédients, de drogues mêlées en proportions variables : le charbon de bois, les déchets de cuirs, la suie de bois, les déchets de laine de crins, la corne, etc., etc.

Tous ces mélanges sont plus ou moins fantaisistes, et la plupart des auteurs qui les citent ne s'en sont jamais servi ou ne les ont pas comparés.

Le meilleur cément est le plus simple : c'est le charbon de bois pulvérisé avec environ 5 °/₀ de sel marin.

Il est évident que toutes les matières animales fournissent du carbone, mais il faut d'abord les décomposer et elles laissent aussi des cendres, tandis que le charbon de bois agit immédiatement et c'est aussi le plus facile à se procurer en tout lieu.

**Trempe des outils aciérés.** — Les outils dont le coupant est formé par une mise d'acier soudée au fer, en fourche, doivent être trempés en plongeant dans l'eau le fer le premier, de façon que le retrait du fer se fasse en serrant la mise d'acier.

**Trempe au prussiate.** — On trempe ainsi les pannes et plats de marteaux en fer, afin de durcir sur une faible épaisseur ces surfaces de travail ou les surfaces de toutes pièces à durcir. La surface à tremper étant au rouge, on l'enduit de prussiate jaune de potasse. Cette opération se fait facilement en écrasant ledit prussiate entre la surface à tremper et l'enclume. Il se produit une véritable cémentation du fer. On réchauffe et on trempe à l'eau sans recuit.

## CHAPITRE V

# MÉTAUX DIVERS ET ALLIAGES

## CUIVRE

(Anglais : *copper*. — Allemand : *kopfer*.)

Densité = 8,8 à 8,9. — Fond à 1000°.

Le cuivre se trouve à l'état natif, de sulfures, de carbonates, etc. Les minerais sont traités principalement au Chili et à Swansea (Angleterre). Ces usines livrent un cuivre brut impur en lingots, qu'il faut refondre au reverbère pour lui faire subir l'affinage et le raffinage.

Le cuivre raffiné ou pur présente une cassure d'un rouge soyeux à courtes fibres ; il est mou, malléable à chaud et à froid et ductile. Se forge au rouge sombre, ne se soude pas à lui-même, mais se brase. Il coule mal en moules, donne des pièces à soufflures, à moins d'y allier 1 à 3 0/0 d'étain.

Bon conducteur de la chaleur et de l'électricité, il est peu oxydable et sa patine forme une couche protectrice.

*Usages*. — Il résiste mieux que le fer aux liquides organiques, d'où son emploi dans la construction des appareils de sucreries, brasseries, distilleries et ustensiles de ménage. Le commerce le livre en barres, en planches, en tubes, en fils.

Sa résistance à la rupture est faible, mais son allongement grand :
{ Recuit : R. = 22$^k$ ; allong$^t$ %/$_0$ = 44.
{ Non recuit : R. = 21$^k$ ; allong$^t$ %/$_0$ = 38.

On fait en cuivre les tuyaux de conduites de vapeur, qui, remplis de résine, se cintrent facilement au montage.

Le cuivre est la base d'alliages très importants, les bronzes, les laitons, etc., dont nous parlerons bientôt.

## ÉTAIN

Densité = 7,3. — Fond à 228 ou 230°.

L'étain se trouve à l'état oxydé (cassitérite) surtout en Australie, en Cornouailles (Angleterre), à Malacca, Banca, Billiton. Le Banca est le plus pur.

C'est un métal mou, ductile, très malléable, assez tenace. Il communique aux doigts une odeur désagréable. Quand on plie une barrette d'étain pur, on entend un petit bruit, c'est le *cri de l'étain*; le moindre alliage supprime le cri.

Si on traite la surface de l'étain par l'acide chlorhydrique ou l'eau régale étendus, on voit la structure cristalline ou moiré métallique.

Sa malléabilité permet de le réduire par le battage en feuilles de 0$^{mm}$,00027; on a ainsi le *tain*, dont on se sert pour l'étamage des glaces.

L'étain est peu oxydable à l'air; mais, fondu, il s'oxyde et donne la *potée d'étain*, qui sert pour polir le verre.

*Usages*. — Ustensiles de ménage, étamage (fer-blanc) et pour alliages.

L'amalgame d'étain (étain et mercure) sert à l'étamage des glaces

## PLOMB

Densité = 11,35. — Fond à 330°.

Le principal minerai est la gallène ou sulfure de plomb. On le trouve en France dans seize départements, principalement à Pontgibaud (Puy-de-Dôme), qui fournissent environ 25,000 tonnes par an; on en importe, en plus, environ 30,000 tonnes.

Le plomb est gris bleuâtre, se ternit à l'air; il est mou, peu ductile, peu tenace, tache le papier, bout de 1600° à 1800°.

On l'emploie en tables, notamment pour couverture de bâtiments, et aussi en tuyaux pour distributions d'eau, gaz, etc.

## ZINC

Densité = 6,86. — Fond à 412°.

Le principal minerai, la calamine, ou zinc oxydé, était connu de l'antiquité, et, en le fondant avec le cuivre, on avait obtenu le chrysocal, nom que lui donna Paracelse qui rapporta ce métal de l'Inde, au commencement du xvi$^e$ siècle.

Mais le zinc ne fut isolé et exploité commercialement qu'au xviii$^e$ siècle.

Outre la calamine, on trouve aussi la blende, ou sulfure de zinc.

Ces deux minerais sont surtout exploités à la Vieille-Montagne, près d'Aix-la-Chapelle, par la Compagnie de la Vieille-Montagne.

*Propriétés*. — Le zinc est d'un gris bleuâtre, ductile, malléable, cassant à froid et plus encore à 200°. Il bout et distille à 1039°. Au rouge blanc, les vapeurs qu'il produit s'enflamment à l'air; il brûle alors avec une flamme verte en produisant des flocons d'oxyde de zinc. Le zinc est inaltérable à l'air sec; à l'air humide, il se recouvre d'une couche d'oxyde qui préserve le reste du métal.

*Emplois*. — Le zinc se livre surtout en feuilles pour la couverture des bâtiments, l'ornementation, les ustensiles de ménage, etc.

Pour les imitations de bronzes d'art, on le coule en moules métalliques et on vide aussitôt. Il reste une reproduction de l'épaisseur voulue.

On en fait le blanc de zinc, succédané de la céruse; et divers alliages, notamment le laiton. On l'emploie aussi pour la galvanisation du fer.

# ANTIMOINE

Densité = 6,8. — Fond à 450°.

Se trouve à l'état natif (rhomboédrique), oxydé, arsénié ou sulfuré (stilbine), dans le plateau montagneux du Centre, en Corse et en Algérie.

*Caractères.* — Métal blanc à éclat argentin un peu bleuâtre; cassant, se pulvérise au choc; par le frottement, il dégage une odeur d'ail.

Sur la production européenne, de 500 t. environ, la France en produit 200 t.

Il est surtout employé, allié, pour les caractères d'imprimerie, le métal dit d'Alger ou métal anglais pour ustensiles de ménage, etc.

# BISMUTH

Densité = 9.8. — Fond à 247°.

Se trouve à l'état carbonaté, en Saxe et à Meymac (Corrèze). C'est un métal blanc rose, dur, fragile, cassant, peu malléable, fond à la flamme d'une bougie à 247° et se solidifie à 242°.

Les alliages de bismuth, plomb et étain, sont remarquables par leur grande fusibilité. En voici quelques-uns :

| DEGRÉS DE FUSION | 91°,6 | 94° | 122° |
|---|---|---|---|
| Bismuth . . . . . | 5 | 8 | 1 |
| Plomb . . . . . | 3 | 5 | 1 |
| Étain . . . . . . | 2 | 3 | 1 |

# NICKEL

C'est dans les mines de Mansfeld (1) que le minerai de nickel fut trouvé pour la première fois. Ce minerai rougeâtre fut considéré par les mineurs comme du cuivre natif et traité comme tel, mais ils ne purent obtenir qu'une masse friable et une scorie d'un beau bleu qui fut utilisée pour la peinture à fresque.

Les mineurs désappointés donnèrent à ce minerai le nom de *kupfer-nickel* (cuivre du diable) et à la scorie celui de *Schamlte-Kobolt* (scorie du farfadet).

M. J. Garnier a trouvé en Nouvelle-Calédonie un minerai de nickel très abondant, qu'on a appelé : la garniérite.

La métallurgie de ce métal ne date que d'environ vingt ans. On l'obtient par le procédé Garnier au phosphore, et mieux encore par le procédé Fleitmann au magnésium. Actuellement, le prix de 1 kilogramme est d'environ 6 francs.

Le nickel pur, d'un beau blanc, est inoxydable, et c'est à cette propriété qu'il

(1) *Bulletin de la Société des Anciens Élèves des Arts et Métiers*, par H. Fontaine.

doit son emploi pour les monnaies et au nickelage des pièces de machines, la quincaillerie, la sellerie, etc. Il est aussi la base principale des alliages avec le cuivre et le zinc connus sous les noms de Maillechort, Pacfung, Alfénide, dont on fabrique un grand nombre d'ustensiles de ménage.

On le lamine en tôles minces et on l'étire en fils.

# ALLIAGES

**Bronze.** — C'est l'airain des anciens. Il est formé principalement de cuivre et d'étain. A mesure qu'on augmente la proportion de l'étain, le bronze devient plus dur, plus sonore, mais, par contre sa malléabilité diminue ; au-dessus de 10 % d'étain, le bronze ne se lamine plus. C'est cet alliage de 10 % qui est le plus employé en mécanique pour les pièces qui doivent présenter une certaine résistance. Les alliages plus durs s'emploient pour résister au frottement.

Le tableau suivant (1) donne les alliages les plus usuels et les conditions de résistance du bronze $90 \times 10$.

COMPOSITION DES BRONZES MÉCANIQUES.    CONDITIONS DE RÉSISTANCE. Bronze $90 \times 10$.

| CUIVRE | ÉTAIN | ZINC | EMPLOIS PRINCIPAUX | | | RUPTURE | ALLONG. 0/0 |
|---|---|---|---|---|---|---|---|
| 93 | 4 | 1 | Très malléable, se lamine. | Bronze fondu... { | 9 Ré........ } | 23 | 12 |
| 90 | 10 | — | Boisseaux de robinets, id. | | 12 Rr........ ) | | |
| 88 | 12 | — | Coussinets ordinaires. | | écroui ...... | 77 | 12 |
| 86 | 14 | — | Clefs de robinets. | Id.    laminé.. { | 1/2 recuit ... | 50 | 60 |
| 84 | 16 | — | Colliers d'excentriques. | | recuit........ | 46 | 69 |
| 82 | 18 | — | Coussinets de grande vitesse. | Id.    en fil... { | écroui ........ | 100 | » |
| 82 | 16 | 2 | Id.       de laminoirs. | | recuit........ | 40 | 60 |
| 80 | 20 | | Métal de cloche, à cassure blanche concoïdale. | | | | ? |

Tous les alliages intermédiaires se font aussi.

L'addition de 0,5 à 1 % de zinc, dans le creuset, est avantageuse pour réduire l'oxyde de cuivre dissous, et il reste peu de zinc dans le métal ; mais une plus grande proportion ne s'emploie que par économie. C'est ainsi qu'on remplace quelquefois 1 à 2 unités étain par 1 à 2 unités zinc. Le plomb doit être en petite quantité, car il s'allie mal et passe par liquation au fond des moules.

(1) Tableau inédit, extrait de notre *Manuel des Constructions métalliques et mécaniques.*

**Laiton ou cuivre jaune.** — Cet alliage est formé principalement de cuivre et de zinc selon les proportions ci-dessous suivant l'emploi.

Ces divers alliages sont malléables à froid, mais ils sont cassants à chaud.

COMPOSITION DES LAITONS (1)

| CUIVRE | ZINC | EMPLOI | CUIVRE | ZINC | EMPLOI |
|---|---|---|---|---|---|
| 90 | 10 | Planches et rivets. | 64 | 32 | Planches, tubes, fils. |
| 87 | 13 | Id. mi-rouge pour bijouterie. | 67 | 33 | Id. 1er titre, Id., Id., à souder, repousser et emboutir. |
| 80 | 20 | Id. Tombac ordinaire. | | | |
| 75 | 25 | Id. Tombac et laiton extra. | 66 | 34 | Id. tubes, sucreries, marine. |
| 70 | 30 | Id. laiton extra-doublage tubes, fils. | 65 | 35 | Id. de commerce. |
| | | | 60 | 40 | Laiton sec, barres pour tourneurs. |

*Pièces moulées.* — Les bronzes et les laitons se fondent le plus souvent au creuset (fig. 6, pl. III); l'étain ou zinc ne se met que quand le cuivre est fondu. Pendant la chauffe du cuivre, on met dans le creuset un peu de charbon de bois pour empêcher l'oxydation et on ajoute pour recouvrir le bain métallique du verre pilé ou du borax. On sort le creuset avec les happes, genre de tenaille, et on coule dans les moules en sable étuvé. Pour les grandes pièces, cloches, statues, etc., on fond le bronze dans des fours à réverbère analogues à celui de la fig. 3, pl. III.

**Métal Delta.** — Cet alliage fut créé vers 1883 par M. Dick, qui le baptisa du nom grec de la première lettre de son propre nom.

C'est un alliage de : cuivre 50, zinc 40, fer 10; il fond à 950 degrés.

M. Dick l'obtient en fabricant au préalable un ferro-zinc qu'il est parvenu à obtenir très régulièrement.

Cet alliage est remarquable par son inoxydabilité, sa malléabilité et sa résistance; il se coule bien en moules étuvés et de plus il se forge.

On le fabrique actuellement à Saint-Denis, près Paris.

**Métal dit anti-friction.** — Ce métal est blanc, il donne de bons frottements et, pour cela, on le coule comme garniture intérieure des coussinets, surtout pour les machines à grande vitesse. Voici une composition :

$$\left. \begin{array}{l} \text{Étain.} \dots \dots \dots \dots \dots 50 \\ \text{Plomb} \dots \dots \dots \dots \dots 36 \\ \text{Antimoine.} \dots \dots \dots \dots 8 \\ \text{Cuivre rouge.} \dots \dots \dots 6 \end{array} \right\} = 100.$$

(1) Tableau inédit extrait de notre *Manuel des Constructions métalliques et mécaniques.*

# BRASURES

Les brasures ou soudures que l'on emploie pour souder le fer et le cuivre rouge entre eux, ou séparément, sont composées de cuivre rouge et de zinc avec quelquefois un peu d'étain.

Une brasure doit être plus fusible que les métaux qu'elle doit souder.

On peut braser fer sur fer avec de la limaille de cuivre propre, cuivre sur cuivre avec de la limaille de laiton. Voici les compositions des brasures :

| | | | CUIVRE | ZINC | ÉTAIN | |
|---|---|---|---|---|---|---|
| Pour Braser | Fer sur fer. . . . . . . | | 90 à 96 | 10 à 4 | » | Peu cassants |
| | | | 70 | 30 | » | » |
| | Fer sur cuivre. . . . . . | | 56 | 30 | 14 | » |
| | Cuivre sur cuivre. | forte . | 55 | 45 | » | Très |
| | | tendre. | | | | cassants |
| | | | 50 | 50 | » | à |
| | Laiton sur laiton. | forte . | | | | |
| | | tendre. | 45 | 55 | » | chaud |

Ces brasures sont coulées en plaques rectangulaires épaisses dans un moule à découvert, puis concassées quand la masse est à peine solidifiée. On continue le concassage en chauffant les morceaux au rouge sur un feu de forge et, enfin, on les pile à froid dans un mortier et on tamise pour les classer par numéros de finesse.

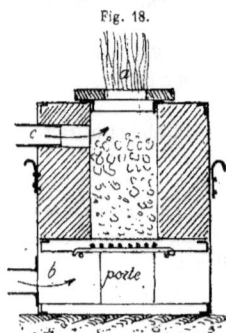

Fig. 18.

Les numéros fins servent pour les pièces minces et les numéros gros pour les pièces plus épaisses.

Les pièces qu'il s'agit de braser sont limées sur les surfaces de contact et tenues rapprochées par une ligature en fil de fer mince, puis recouvertes de brasure et de borax. Le borax forme d'abord une pâte qui retient les grains de brasure, puis, en fondant, il réduit les oxydes métalliques qui empêcheraient l'adhérence de la brasure au métal.

Les feux de forge sur lesquels se fait la brasure doivent être, autant que possible, recouverts d'une tôle formant voûte pour concentrer la chaleur sur la pièce à braser.

Dans la fabrication des bronzes, on brase les ornements sur un lit de coke en dirigeant sur eux le dard d'un chalumeau à gaz.

Pour braser des brides ou des tubulures sur les tuyaux en cuivre on emploie avec avantage un petit gazogène (fig. 18) rempli de coke. L'air de la combustion fourni par un ventilateur arrive en *b* et en *c* ; en réglant le débit de ces deux conduits, on obtient en *a* un jet de flamme à haute température. En faisant venir en *a* le second courant d'air, on obtiendrait en *c* un jet de flamme horizontal. Ce petit gazogène déjà décrit par M. de Laharpe, est analogue aux fours à braser des Compagnies de chemins de fer, etc.

## SOUDURE DU PLOMB, ÉTAIN, ZINC, ETC.

Le plomb se soude à lui-même ou sur tous les autres métaux préalablement étamés, au moyen de la soudure suivante :

Plomb 2 parties, étain 1 ; — ou plomb 1, étain 1.

La première est plus faible. La soudure des ferblantiers-zingueurs contient :

Plomb, 1 partie ; étain, 2 parties.

La soudure se fait à l'aide d'un *fer à souder* de diverses formes, mais le plus souvent formé (fig. 19) d'un morceau de cuivre, étamé au bout, rivé sur un manche en fer terminé par une poignée en bois ; ce fer se chauffe, sur les chantiers, dans un feu de charbon de bois. Mais, à l'atelier, il est préférable de chauffer le fer au chalumeau à gaz, dont l'ouvrier règle l'intensité.

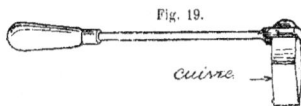

Fig. 19.

*cuivre*

**Soudure autogène.** — La soudure du fer sur fer est la seule qui se fasse sans fusion. Tous les autres métaux : la fonte, le bronze, le plomb et l'étain, l'or, l'argent, le platine, ne se soudent entre eux que par fusion.

Les chambres de plomb des fabriques d'acide sulfurique sont formées par la soudure autogène de feuilles de plomb que l'on pratique au moyen d'un chalumeau à gaz hydrogène dit acrhydrique.

Les surfaces à souder sont grattées et recouvertes d'un peu de résine.

**Soudure autogène électrique.** — M. Thomson est parvenu, au moyen d'un courant électrique intense, à souder des fils de cuivre et des tiges de fer fortement pressées l'une contre l'autre en bout. A mesure que la température des extrémités en contact s'élève, le fer se ramollit, et, en continuant de pousser les tiges l'une sur l'autre, la soudure se produit.

Cependant ce procédé, que l'on voyait en fonction à l'Exposition de 1889, n'a pas obtenu, que nous sachions, une application industrielle. Certains essais faits dans une usine de fûts en fer ont été abandonnés.

## CHAPITRE VI

# TRAVAIL DES MÉTAUX

## INSTRUMENTS

Les pièces de machines brutes de fonderie ou de forge sont amenées à l'atelier d'ajustage pour y être mises aux dimensions exactes, *ajustées*, afin de pouvoir s'assembler entre elles et être *montées* pour constituer en définitive une machine.

La première opération est le *traçage*. L'ouvrier traceur doit savoir lire un dessin. Il commence à peindre en blanc toutes les parties sur lesquelles il aura à tracer les lignes délimitant les surfaces à ajuster.

**Marbre, trusquin,** etc. (fig. 20). — Ce traçage se fait en plaçant la pièce sur un marbre, table en fonte dont la surface est parfaitement dressée; puis, à

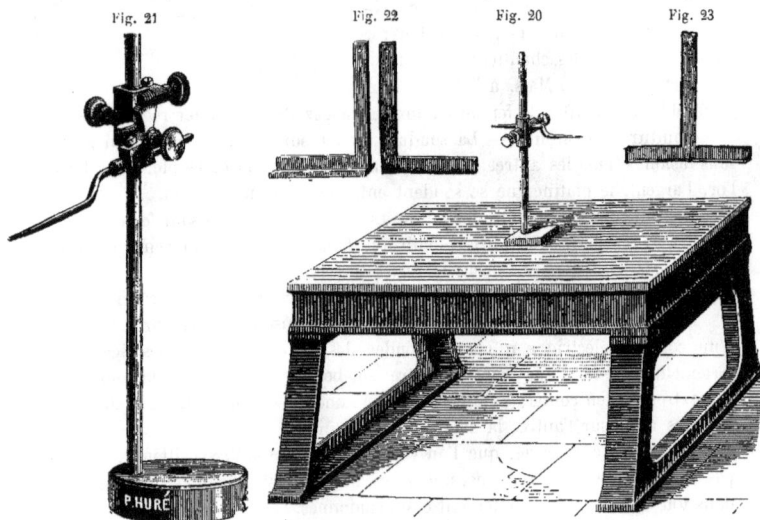

Fig. 21    Fig. 22    Fig. 20    Fig. 23

l'aide d'un *trusquin*, armé d'une pointe à tracer, on trace sur la pièce, convenablement calée, des lignes parallèles au marbre, qui détermineront ainsi un plan indiquant la matière qu'il faut enlever. En faisant varier la hauteur du trusquin, on marquera sur la pièce la trace de plans parallèles espacés, comme le demande le dessin.

Le trusquin représenté figure 21, construit par M. Huré, à Paris, comporte un dispositif à vis sans fin qui permet de faire varier de très petites quantités la hauteur de la pointe à tracer, sans déplacer sur la tige la douille qui la porte. Cette opération est ainsi plus sûre que lorsqu'on déplace la douille par petits coups de marteau.

Les lignes verticales ou perpendiculaires se tracent avec les équerres simple, à chapeau, ou à T (fig. 22-23). Enfin, les cercles sont tracés au compas. En un mot, on trace sur la pièce les lignes définitives, conformément au plan. Toutes ces lignes sont arrêtées par de petits coups de pointeau afin de subsister malgré l'enlèvement de la peinture.

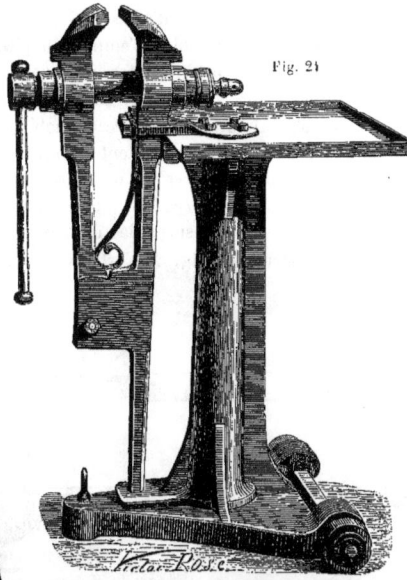

Fig. 24

Les principales opérations d'ajustage consistent :

A percer ou aléser des trous ;

A tarauder des tiges ou trous ;

A cylindrer, fileter, aléser ;

A dresser des surfaces planes.

Tous ces travaux se font à l'aide d'outils à main, mais bien mieux à l'aide des machines-outils.

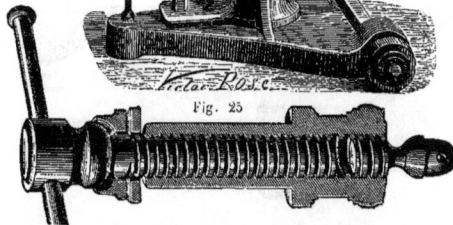

Fig. 25

**Etau** (fig. 24-25). — Parmi les instruments ou outils dont le rôle est passif, l'étau est un des plus importants.

C'est une sorte de tenaille fixée à l'établi de l'ajusteur, qui lui sert à saisir les pièces qu'il doit buriner ou limer, etc. Notre figure représente un étau fixé à une colonne en fonte mobile, destiné surtout aux travaux sur chantiers.

Les deux bras qui forment l'étau sont articulés ensemble; celui qui est fixé à l'établi se prolonge pour prendre un point d'appui inférieur. Un ressort tend constamment à ouvrir ces bras, tandis qu'une vis sert à les rapprocher et à serrer la pièce entre les mords supérieurs. Ces mords, étroits et larges, sont taillés à l'intérieur pour éviter le glissement des pièces, et ils sont trempés pour résister à l'usure. La figure 25 fait voir le détail de la boîte fixe, filetée à l'intérieur, et de la vis, dont la tête est munie d'une rotule, qui fait que quelle que soit l'ouverture de l'étau, l'effort de serrage de la vis reste dirigé suivant son axe.

**Pieds à coulisse.** — Pour mesurer les dimensions des outils ou des pièces qu'il confectionne, l'ouvrier mécanicien se sert constamment du mètre, du compas à pointes, et du compas d'épaisseur, mais quand les dimensions des pièces ne sont pas trop considérables, l'emploi du pied à coulisse est bien préférable; cette dénomination de *pied* à coulisse nous vient de l'ancienne unité de longueur.

L'instrument (fig. 26) n'a pas besoin de longue description : l'un des becs est fixe sur une règle divisée; l'autre A, mobile, porte un vernier, un curseur et une vis liée à ce vernier, permettent de lui imprimer de faibles déplacements. Les becs A servent à mesurer un diamètre à l'extérieur ou un diamètre intérieur supérieur à l'épaisseur de ces becs. Dans cette position, les deux becs a, qui se croisent, permettent de mesurer des diamètres intérieurs plus petits.

Le petit instrument (fig. 27) est divisé à l'extérieur en millimètres, tandis

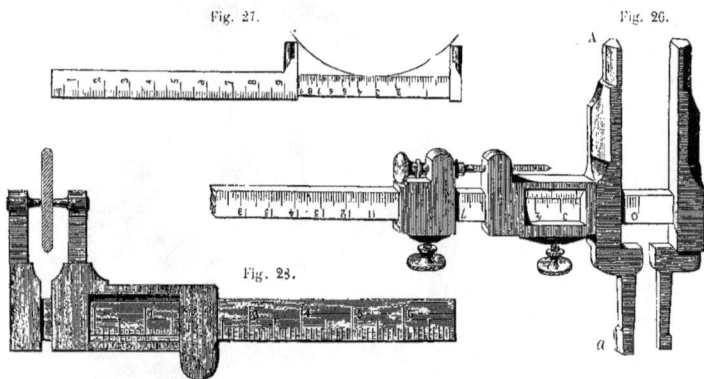

Fig. 27.                                                        Fig. 26.

Fig. 25.

que la règle intérieure est divisée de telle sorte que, touchant à un cylindre ainsi que les deux becs, elle donne le diamètre de ce cylindre.

La figure 28 est un pied à coulisse simple avec vernier pour mesurer les épaisseurs. Cet outil est analogue aux Palmers.

Ces figures sont extraites du catalogue de M. Morin, à Paris, qui construit ces instruments.

# DES OUTILS A MAIN, A PERCER, TARAUDER (Pl. VI)

**Burins.** — On distingue le *bec d'âne* dont le coupant n'a que la largeur *b*; il sert à faire, sur la surface à dresser, des saignées espacées de 15 à 20 $^{m/m}$. Le *burin plat* (fig. 4, pl. V) permettra d'enlever ensuite les bandes de métal ainsi isolées par ces saignées. L'angle du coupant *a* dépend moins de la dureté du métal que de l'épaisseur de matière que l'on attaque.

Pour un burinage de dégrossi, on fera $a = 50$ à 60°.

— — plus fin, on fera $a = 40$ à 50° environ.

Ces burins sont pris dans des barres d'acier fondu, méplates à champs arrondis, pour tenir facilement dans la main.

La surface ainsi dégrossie au burin est ensuite dressée à la *lime* à grosse taille et enfin finie à la lime douce. Les limes se font de toutes formes et de toutes dimensions, et leur taille, plus ou moins finie, constitue une industrie spéciale dont nous ne pouvons nous occuper ici.

**Mèche à langue d'aspic.** — Les mèches servent à percer des trous.

La mèche à langue d'aspic est formée en aplatissant l'extrémité d'un barreau d'acier rond ou carré; les coupants, dont l'angle est d'environ 60°, font, avec l'axe, un angle de 55° soit 110° pour l'angle des deux coupants. C'est l'angle qui, d'après les essais de M. Joëssel dont nous parlons plus loin, exige le minimum de travail pour un même poids de copeaux. La tête se termine par une partie conique ronde, ou plus souvent carrée, pour être entraînée par le porte-outil. Cette mèche convient surtout pour percer des trous borgnes.

**La mèche à teton** a ses deux coupants sur une même ligne; le teton placé au milieu est une réduction de la langue d'aspic. Cette mèche, guidée par ses deux côtés verticaux, convient mieux que la précédente pour des pièces minces, et, en général, pour les trous que l'on veut réguliers. Elle ne dévie pas aussi facilement que la précédente à la rencontre d'une soufflure ou autre défaut.

**La mèche américaine** constitue un très important progrès sur les mèches précédentes. C'est une tige cylindrique, creusée à la fraise de deux rainures hélicoïdales; les coupants *a b*, *c d*, doivent être droits de préférence; ils forment entre eux un angle de 110° environ, cet angle diminue pour les autres génératrices de la surface conique du bout, de telle sorte que les tangentes au coupant, à l'extérieur, donnent l'angle *c* de ce coupant et l'angle *i* de dégagement.

L'arête *a c*, qui est horizontale, doit être aussi petite que possible.

On voit de suite que, tandis que dans les mèches précédentes la face antérieure du coupant est presque verticale et pousse le métal normalement, ici le coupant est plus incliné et mieux disposé pour couper le métal.

Si on se donne l'angle $c + i$ de la tangente à l'hélice extérieure, on pourra

7

déterminer le pas $h$ de l'hélice. Supposons l'hélice développée sur un tour (fig. 29).

Fig. 29

Soit : $c + i = 55°$; sin $55° = 0,819$; cos $55° = 0,573$

$a\,c = \pi\,d = ab$ cos $55°$.

$b\,c = h = a\,b$ sin $55° = a\,c$, tang. $55°$.

D'où : $h = \pi\,d\,\dfrac{\sin 55°}{\cos 55°} = d \times 3,14\ \dfrac{0,819}{0,573} = 4,5\ d$.

Il est très important, dans toutes ces mèches, que les deux coupants travaillent en même temps et également.

**Mèche à canon.** — Cette mèche ne sert que pour aléser, sur le tour, de petits trous. Elle est employée plutôt pour le bronze et le laiton. C'est un demi-cylindre dont la face antérieure $a\,b$ est légèrement inclinée, c'est l'angle $a$ qui coupe la matière. Chaque mèche ayant un diamètre constant, on a de suite l'alésage au diamètre de la mèche.

**Lames d'Alésage** (fig. 8, pl. V). — La lame faite d'un morceau d'acier plat, est ajustée dans la mortaise d'un porte-lame ou tige cylindrique, et entaillée au milieu pour rester centrée avec le porte-lame. Une ou deux petites clavettes l'assujettissent. Le champ inférieur est taillé, suivant deux biseaux opposés, comme la mèche à teton. Ces lames d'alésage se manœuvrent à la main ou sur les machines à percer et aléser, ou encore sur le tour, comme la mèche à canon ; alors, c'est la pièce montée sur le plateau qui tourne, et le porte-lame, poussé par la contre-pointe, est guidé dans l'arbre du tour percé à cet effet.

**Mèche à bois.** — Nous l'indiquons ici par exception. Elle comporte un teton qui pénètre le premier au niveau $a$, un couteau $b$ circulaire, mais court, qui trace simplement une entaille circulaire, et, enfin, le coupant plus élevé $c$ qui coupe le bois entre le teton et le cercle tracé par $b$. Ces mèches se font en quincaillerie.

**Equarrissoirs ou alésoirs.** — Quand il s'agit d'agrandir un trou grossièrement, par exemple pour faire concorder les trous de deux tôles qu'il s'agit de

Fig. 3) et 31.

river, on emploie le simple alésoir carré (fig. 6, pl. V). Mais, pour aléser des trous bien cylindriques, on emploie, de préférence, un alésoir (fig. 30) à dents, avec partie ronde ou, pour finir, celui (fig. 31) comportant trois faces planes évidées et une partie cylindrique.

**Fraise pour robinets** (pl. VI). — C'est un alésoir conique comportant un grand nombre de dents taillées suivant les génératrices ou en spirale. Cet outil se manœuvre à la main comme les précédents, ou sur le tour. Il faut le sortir fréquemment de la pièce pour dégager les copeaux de métal logés dans les dents.

**Tarauds** (pl. VI). — Les tarauds sont des outils taillés à leur surface par un filet de vis d'un système donné, triangulaire ou carré, simple ou multiple, servant à faire des filets semblables dans la paroi d'un trou. Nous dirons, en parlant des boulons, quels sont les systèmes de filets employés.

Le taraud, dit aléseur, a une longueur de vis de six à huit fois le diamètre, dont une partie est taillée conique, le petit bout inférieur n'ayant que le diamètre du fond du filet. De plus, on a pratiqué sur toute la longueur filetée, à la fraise ou au rabot, quatre entailles, qui forment ainsi quatre lignes de coupants; enfin, à l'arrière des coupants, les filets sont légèrement abattus, comme on le voit sur la coupe horizontale. Ces tarauds permettent de tarauder un écrou en une seule passe. Ils s'emploient à la main ou à la machine.

Fig. 32.

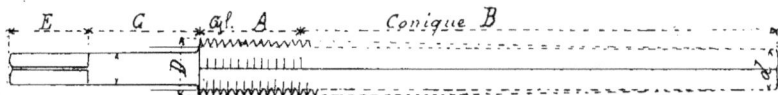

SÉRIE DE TARAUDS ALÉSEURS

| Diamètre du boulon . . | 10 | 12 | 15 | 18 | 20 | 23 | 25 | 28 | 30 | 32 | 35 | 38 | 40 | 45 | 50 |
|---|---|---|---|---|---|---|---|---|---|---|---|---|---|---|---|
| Pas p . . . . . . . . | 1.5 | 1.5 | 2 | 2 | 2 | 2.5 | 3 | 3 | 3.5 | 3.5 | 3.5 | 3.5 | 4 | 4 | 4.5 |
| D . . . . . . . . . | 10.5 | 12.5 | 15.5 | 18.5 | 20.5 | 23.5 | 25.5 | 28.5 | 30.5 | 32.5 | 35.5 | 38.5 | 40.5 | 45.5 | 50 |
| d . . . . . . . . . | 7 | 9 | 11 | 14 | 16 | 18 | 19 | 22 | 24 | 25 | 28 | 30 | 38 | 36 | 40 |
| A . . . . . . . . . | 16 | 20 | 24 | 28 | 30 | 34 | 38 | 42 | 46 | 50 | 54 | 58 | 62 | 66 | 70 |
| B . . . . . . . . | 96 | 107 | 116 | 126 | 140 | 150 | 160 | 170 | 180 | 195 | 205 | 220 | 230 | 240 | 250 |
| C . . . . . . . . . | 22 | | 26 | | 30 | | 36 | | 40 | 45 | 50 | 55 | 60 | 65 | 70 |
| E . . . . . . . . . | 16 | | 20 | | 24 | | 28 | | 30 | | 32 | | 34 | 36 | 38 |

Les proportions que nous donnons planche VI n'ont rien d'absolu ; les petits tarauds se font souvent un peu plus longs, tandis que les gros se font un peu plus courts. Voici (fig. 32) une série de tarauds aléseurs employée dans les ateliers J.-F. Cail, pour tarauder à la main ou à la machine.

Pour tarauder les trous borgnes, on emploie une série de trois tarauds (pl. VI) dont la partie filetée a trois ou quatre diamètres de longueur.

Le n° 1 est taillé conique, comme le précédent, le n° 3 est cylindrique et le n° 2 a une taille intermédiaire. Ces trois tarauds comportent quatre rainures longitudinales formant les coupants, comme celles du taraud aléseur.

**Tourne-à-gauche.** — Les tarauds, ainsi que les équarrissoirs et alésoirs précédents, sont terminés par une tête carrée, cylindrique ou un peu conique, et manœuvrés au moyen d'un levier dit tourne-à-gauche (fig. 33), percé au milieu de trois ou quatre trous carrés pour servir à plusieurs outils.

Fig. 33.

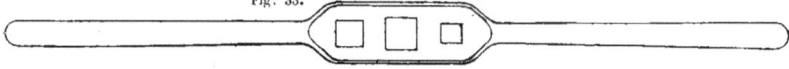

Fig. 34.

Le tourne-à-gauche (fig. 34), proposé par M. D. Poulot, porte un manchon autour duquel sont percés les trous carrés ; ce manchon a l'avantage d'éloigner les doigts de l'opérateur de la pièce à tarauder, quand celle-ci est large.

**Filières** (pl. VI). — Les filières sont des outils permettant de former des filets à l'extérieur d'une tige ronde. On distingue le corps de la filière et le coussinet qui est la partie travaillante.

Dans la filière de Whitworth, peu employée en France, le coussinet est en trois parties, dont deux sont poussées vers le centre par une même clavette.

Le modèle le plus employé est celui à deux vis (fig. 35 et pl. VI).

Fig. 35

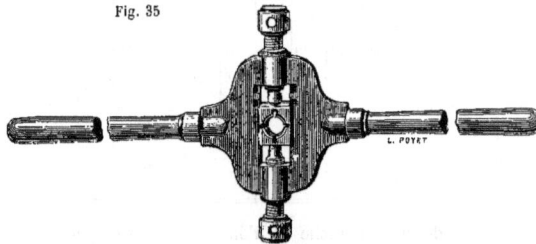

Le coussinet A est en deux parties ajustées suivant des faces inclinées ; il est retenu dans la filière par une platine *a* simple ou double et par deux ou quatre vis. En desserrant légèrement les vis et en poussant la platine à gauche, les deux trous qui y sont pratiqués permettent de l'enlever et de sortir le coussinet.

Souvent aussi on supprime les platines (fig. 35), alors la cage de la filière porte une rainure sur chacun de ses longs côtés et le coussinet porte de chaque côté une languette qui vient s'y engager. On voit sur la figure 35 les entailles qui permettent cet emmanchement.

Pour faire ce coussinet **A**, on ajuste d'abord dans la filière les deux moitiés; on les y serre en interposant une cale en fer; on perce le trou principal au diamètre du fond des filets plus la hauteur du filet, puis on perce les petits trous $b$ et $c$, et on taraude au taraud aléseur; on fait ensuite, à la lime douce, les coupants du joint et ceux qui correspondent aux trous $b$, $c$.

Avant de tremper, on corrige le filet avec le taraud-mère (pl. VI), réservé pour cet emploi. Ce taraud-mère cylindrique, comporte, suivant son diamètre, cinq à six rainures étroites, droites ou légèrement contournées en hélices.

Le diamètre de la mère doit être égal au diamètre **D** de la vis que l'on veut obtenir, plus la hauteur du filet $(D + h)$. On conçoit que si le coussinet avait le diamètre D, les arêtes des coupants du joint porteraient d'abord seules, les coupants $b$ et $c$ ne travailleraient que plus tard. Si, au contraire, le coussinet avait un diamètre $D + 2h$, il n'y aurait que les coupants $b$ et $c$ qui travailleraient. On partage donc ces effets en faisant la mère égale à $D + h$.

## OUTILS DE TOURS ET RABOTS (Pl. VII)

L'outil employé pour tourner à la main est le *crochet* (fig. 1); il est forgé dans une barre d'acier méplat et emmanché dans un long manche en bois. L'ouvrier appuie ce manche sur l'épaule droite et manœuvre l'outil en tenant ce manche avec les deux mains, ou bien il tient le manche avec la main gauche seulement, tandis que de la main droite il manœuvre l'outil à l'aide d'un levier, ou griffe. Il peut ainsi presser l'outil contre le métal à couper plus énergiquement et en général avec moins de fatigue.

L'outil est dentelé à chaud pour l'empêcher de glisser sur le support en bois. Le coupant se fait *rond* pour dégrossir, ou à *grain d'orge*, ou en forme droite dite *plane*, avec les angles légèrement arrondis, pour finir le travail dégrossi.

Nous dirons bientôt quelles sont les valeurs de l'angle $i$, dit *angle d'incidence* ou de dégagement, et de l'angle $c$ du *coupant*.

L'arête coupante doit être à la hauteur de l'axe du tour; si elle lui était supérieure, la moindre flexion ou inclinaison en avant de l'outil ferait pénétrer l'outil dans la pièce, ferait accrocher et souvent casser l'outil.

Si, au contraire, cette arête est inférieure à l'axe, l'angle $i$ est augmenté, l'outil coupe moins bien et tend à *broutter*, c'est-à-dire à faire une surface à côtes au lieu d'une surface cylindrique unie. En général, un outil broutte aussi quand il est trop faible ou trop long.

**Outils des machines.** — L'invention du support à chariot, remplaçant la main de l'homme, a constitué un progrès considérable.

La figure 2 représente l'outil à couteau; le coupant $ab$ est droit; ses faces forment un angle $c$, avec un angle d'incidence $i$.

La figure 3 représente un outil ébaucheur, courbé et renvoyé, à coupant arrondi. Cet outil se fait aussi droit.

Ces outils se font avec coupant à droite ou à gauche, et ce coupant peut être arrondi, droit ou incliné, ou à grain d'orge, etc.

La figure 4 est une plane dite anglaise ou à ressort, parce que le coupant est à l'extrémité d'une partie mince contournée faisant réellement ressort.

La figure 5 est un outil de machine à raboter à coupant rond, travaillant droit ou, mieux, incliné si la taille est forte. Cet outil doit être fixé, sur le porte-outil, le plus court possible pour ne pas fléchir; si la surface à raboter oblige à donner à l'outil un porte-à-faux $o\,a$, il faut que l'arête $a$ soit au plus sur le prolongement $o\,a$ de l'axe du corps de l'outil, ou, mieux, légèrement en arrière.

Si le bec du coupant était en $b$, on conçoit qu'à la moindre flexion de l'outil, ce bec $b$, tournant autour de $o$, pénétrerait dans la matière; il accrocherait, comme l'outil de tour, placé au-dessus du centre.

Dans les machines à raboter, l'outil est fixé (fig. 9. Pl. VII) sur une pièce articulée en $o$; au retour, l'outil peut donc se soulever sans frotter sur le métal.

La figure 6 donne la forme d'un outil à mortaiser ou raboter verticalement; le coupant est rond, comme l'indique la coupe transversale, pour l'outil à raboter; s'il s'agit de pratiquer une mortaise, la section horizontale du coupant est un trapèze, dont l'arête coupante $a\,b$ constitue la plus large base. Ces outils, en remontant, frottent contre le métal.

**Angles de coupe des outils.** — L'angle $c$ du coupant est toujours compté normalement à l'arête coupante, et, si l'outil est rond, cet angle est celui compris dans le plan médian, $m\,n$ (fig. 3 et 5). Les faces coupantes se font à la meule.

En principe, le meilleur outil est celui qui débite le plus grand poids de copeaux dans un temps donné.

Le coupant d'un outil agit comme un coin pour détacher le copeau, qui se rompt ou se courbe par la flexion qu'il subit en s'appliquant sur la face antérieure de l'outil. On conçoit que le coin aura un effet utile d'autant plus grand, que l'angle $i$, dit angle d'incidence, sera plus petit, que le coin se rapprochera plus de la tangente à la surface coupée; cet angle $i$ ne peut pas être nul, car alors, l'outil frotterait sur la pièce, surtout après une faible usure de l'arête coupante. Mais ce coin, en pénétrant dans le métal, éprouve, avant que l'élément du copeau se détache, un frottement sur ses deux faces, qui crée la résistance de pénétration. Cette résistance, ou effort de pénétration, de l'outil peut amener la rupture de l'arête, si l'épaisseur du copeau est trop forte et suivant la dureté du métal. On conçoit que l'angle du coupant devra être modifié suivant cette résistance, quand on veut enlever des copeaux épais. Cette épaisseur moyenne de copeau ne dépasse guère 1 à 2 millimètres, et il est préférable d'augmenter le nombre de passes en augmentant la largeur du copeau plutôt que son épaisseur.

Les essais les plus sérieux que nous connaissions sur ce sujet ont été faits à Indret, par M. Joëssel, ancien élève des Écoles d'arts et métiers, et ingénieur de la marine (1).

Ces essais ont été faits sur le tour, dont l'action est plus continue que sur une machine à raboter, et le travail absorbé a été mesuré à l'aide d'un dynamomètre de Taurines. Les pièces tournées avaient un diamètre de 0$^m$,200.

En se plaçant uniquement au point de vue du travail mécanique absorbé pour débiter un même poids de copeaux, la largeur du copeau étant 15 millimètres et son épaisseur 31 millimètres, les angles les plus avantageux ont été :

Pour le fer et la fonte $\left\{\begin{array}{l}\text{angle coupant } c = 51° \\ \quad — \quad \text{incident } i = 3° \text{ à } 4°\end{array}\right.$

Pour le bronze, au diamètre de 0$^m$,178 et pour un copeau de 5 millimètres de largeur sur 0$^m$,31 d'épaisseur, les angles les plus avantageux ont été :

$$c = 66° \text{ et } i = 3°$$

Ces angles sont restés les plus avantageux à toutes les vitesses et même en portant l'épaisseur des copeaux de 0,31 à 0,41 et 0,51 millimètres.

Mais, pour les machines à mortaiser ou à buriner, dans lesquelles l'outil éprouve des chocs répétés à chaque attaque, on doit faire :

Pour fer et fonte, $c = 60$ à 65°;

Pour le bronze, $c = 70$ à 75°.

Il résulte encore de ces essais que le travail mécanique a augmenté de 3 à 5 °/₀, quand on a porté l'épaisseur du copeau de 0,31 à 0,51 millimètres. Cet accroissement de travail est donc ici très faible.

Cependant, ces angles ne sont pas exactement observés, car le point de vue du minimum de travail absorbé n'est pas le seul auquel il faut se placer. Il faut obtenir le plus grand poids de copeaux dans un temps donné; qu'importe une augmentation de travail ou de quelques kilogrammes de charbon par jour et par machine, alors que les frais généraux et la main-d'œuvre sont constants. Il y a donc avantage à faire les copeaux présentant la plus grande section, à marcher à la plus grande vitesse et à faire l'angle de l'outil tel qu'il ne nécessite pas un affûtage trop fréquent. On ne peut pas poser de règle absolue à ce sujet, surtout en présence des variations des duretés que présentent les aciers actuels.

Dans les ateliers, où les ouvriers travaillent aux pièces, on est bien obligé de leur laisser le soin de faire leur outil à leur jugement et de régler aussi la vitesse, etc.

_____

(1) Le détail de ces essais a été publié sous la signature de M. Joëssel dans l'*Annuaire de la Société des Anciens Élèves des Écoles d'Arts et Métiers* (Année 1864).

D'après nos renseignements, le coupant varie comme suit :

Fer et aciers très doux . . . . . . . . $c = 50$ à $55°$
Fonte mécanique. . . . . . . . . . . $c = 60$ à $65°$
Acier et fonte durs, bronze . . . . . . $c = 70$ à $75°$

**Vitesse relative de l'outil. — Serrage. —** Plus cette vitesse est grande, plus il y a de travail fait dans un temps donné. Mais la vitesse est limitée par l'échauffement qui se produit et qui tend à détremper l'outil.

Dans le travail du fer et des aciers, le copeau forme un ruban contourné en hélice, et son frottement sur l'outil produit un échauffement rapide que l'on combat par un arrosage continu à l'eau pure ou mieux à l'eau de savon. Dans le travail de la fonte et du bronze chaque élément du copeau aussitôt détaché de la pièce se casse et tombe sans frotter sur l'outil; aussi ce travail se fait à sec.

Le serrage est la quantité dont l'outil pénètre dans la matière à chaque tour; c'est l'épaisseur du copeau. Cette épaisseur peut être plus forte pour les outils à travail alternatif que pour ceux à travail continu parce que les premiers se refroidissent pendant le retour. Voici les vitesses et serrages qu'indique M. Joëssel :

| | VITESSES | | | SERRAGES POUR MACHINES | | |
|---|---|---|---|---|---|---|
| | FER | FONTE | BRONZE | PETITES | MOYENNES | GRANDES |
| | Millimètres. | Millimètres. | Millimètres. | Millimètres. | Millimètres. | Millimètres. |
| Tours-alésoirs . . . . . . . . . . | 100 | 100 | 100 | 0.50 | 0.50 | 0.50 |
| Machines alternatives . . . . . . | » | » | » | 1 » | 1 » | 1 » |
| Machines à percer . . . . . . . . | » | » | » | 0.15 | 0.20 | 0.25 |
| Travail minimum | | | | | | |
| Tours alésoirs . . . . . . . . . . | 55 | 40 | 65 | 0.30 | 0.35 | 0.40 |
| Machines alternatives. . . . . . . | » | » | » | 0.50 | 0.55 | 0.60 |
| Machines à percer . . . . . . . . | » | » | » | 0.15 | 0.20 | 0.25 |

Il y a avantage à travailler à la plus grande vitesse possible malgré l'accroissement de travail qui peut en résulter par kilogramme de copeau, parce que, ainsi que nous l'avons déjà dit, tous les autres facteurs du prix de revient, tels que : la journée de l'ouvrier et les frais généraux sont constants.

Voici, d'après nos propres informations, dans quelles limites peut varier la vitesse relative d'un outil comptée par seconde.

Fer et acier très doux, vitesse. . . . . . 100 à 120 millimètres
Fonte mécanique, vitesse . . . . . . . . 80 à 100    —
Fonte et aciers durs, vitesse. . . . . . . 40 à 50    —
Bronze suivant dureté. . . . . . . . . 150 à 200    —

Les plus grandes vitesses sont obtenues avec les outils en acier *Mushet* non trempés, dont nous avons parlé page 30.

**Outils avec porte-outil.** — Les outils dont nous venons de parler sont plus ou moins façonnés à la forge. Cette façon est coûteuse de main-d'œuvre et aussi par la perte de l'acier brûlé ; souvent aussi l'acier est un peu détérioré et l'outil est alors médiocre. On a cherché depuis fort longtemps à supprimer tout travail de forge.

On a de tout temps, quand il faut un outil long, employé une forte barre de fer, à l'extrémité de laquelle on pratique une mortaise horizontale, destinée à recevoir un bout d'acier formant l'outil qui y est maintenu par une vis. Les figures 15 et 16 (pl. VIII) indiquent ce dispositif, mais avec une vis en bout, pour un outil simple et un peigne. C'est ce système qu'on a voulu généraliser.

La figure 15, à gauche, est ce même dispositif, mais avec une douille à plusieurs mortaises qui permettent d'incliner l'outil à droite ou à gauche.

**Outil rond.** — L'un des plus anciens dispositifs que nous connaissions, dès l'Exposition de 1867, est indiqué dans toutes ses dispositions par les figures 1 à 10, pl. VIII. L'outil est pris dans une barre d'acier rond (fig. 1), il est ensuite tenu obliquement dans une barre ou porte-outil au moyen d'une ou deux vis (fig. 5). La douille à vis de ce porte-outil se fait à droite ou à gauche.

Ainsi, avec deux porte-outils et un bout d'acier rond on a un outil pour tourner ou raboter dans toutes les directions (fig. 2, 3, 6).

Pour empêcher tout glissement de l'outil dans sa douille quand il s'agit de gros travaux, on emploie (fig. 7) une vis inférieure; ou bien (fig. 8) une clavette avec un écrou de butée pour l'outil ; ou enfin (fig. 9) une clavette conique dentelée ainsi que l'outil. La figure 10 est le dispositif pour mortaiser.

Ces outils ronds se font de diamètres appropriés à la dimension des pièces.

La surface de rabotage qu'ils donnent (fig. 12) est plus unie que celle que donne l'outil à couteau ordinaire (fig. 11) dont l'arrondi du bout est petit.

Ces outils s'affûtent toujours sous le même angle voulu, au moyen de la meule avec chariot et support articulé et divisé, construite par Whitworth (fig. 13).

**Outil carré** (fig. 14, pl. VIII). — L'outil est pris dans un acier carré, il est maintenu dans le porte-outil au moyen d'un axe transversal portant une gorge excentrée. Il en résulte que la poussée qu'éprouve l'outil en travail, tendant à faire tourner l'axe excentré, serre l'outil de plus en plus.

**Outil en V.** — Les dispositifs précédents ne satisfaisant pas dans tous les cas, on a créé le porte-outil à douille (fig. 8 à 12, pl. VII). Le détail de sa construction se voit bien (fig. 11); l'outil pris dans une barre d'acier à section en V, est serré sous une petite inclinaison entre la tête d'un boulon *a* et une douille *b* ; il peut ainsi occuper toutes les positions autour de l'axe du boulon (fig. 11 et 12).

La figure 9 indique une variante du porte-outil, pour machines à raboter.

8

Le porte-outil à tige ronde (fig. 10) permet d'incliner l'outil pour fileter.

Les figures 13 et 14 indiquent le mode de fixation, au moyen d'une petite clavette à vis, de petits outils employés pour les tours à revolver.

MM. Smith et Coventry, les constructeurs bien connus de machines-outils, ont, paraît-il, adopté ces porte-outils à douille ainsi que les outils ronds suivant les cas, et, dans une communication faite par M. W. Ford Smith à « l'Institution of mechanical Engineers », en 1883, il fait ressortir l'économie qu'ont présenté ces outils : outre l'approvisionnement moindre d'acier on supprime le forgeron et son aide et, de plus, un seul ouvrier est chargé d'affûter tous les outils, tandis que les tourneurs et raboteurs ne quittent jamais leurs machines. Il y aurait eu également économie de un quart dans le travail mécanique moteur.

Les angles indiqués par M. Smith pour les outils ronds sont : 50 degrés pour le fer ou métaux forgés, 60 degrés pour la fonte et métaux fondus, avec une inclinaison ou incidence de 1/8.

Pour les outils à section en V des porte-outils à douille, l'angle de coupe est porté à 68 degrés avec une inclinaison ou incidence de 1/8.

**Outil de M. Berger-André.** — M. Berger-André, constructeur à Thann, construit l'outil, représenté figure 36 pour tour ou rabot, et figure 37 pour machine à mortaiser. La barre d'acier, formant l'outil, est droite, sans travail de forge ; elle est dentelée sur une face pour s'accrocher aux

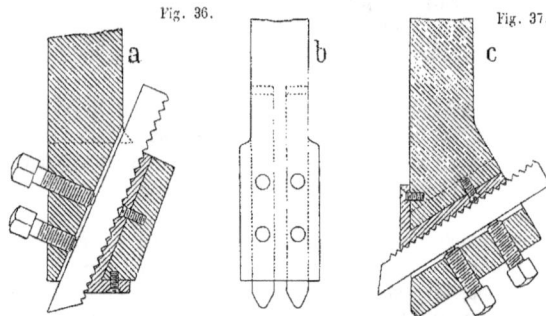
Fig. 36.      Fig. 37.

dents semblables de la fourrure vissée au porte-outil. L'angle d'incidence, qu'emploie le constructeur, est de 10° et l'angle du coupant ou de l'outil est de 52°. Ces outils ont, de plus, le coupant taillé obliquement sous un angle de 70°.

Comme on le voit en *b*, ces outils peuvent être simples ou doubles, suivant l'épaisseur de métal à enlever.

Pour le bronze, l'outil reçoit un double affûtage, dont le second incliné sur la face supérieure, afin de porter l'angle de coupe à 62°.

**Outil Barville articulé, pour mortaiser** (fig. 7, pl. VII). — Nous avons dit que l'outil rigide ordinaire (fig. 6) et le précédent frottent contre le métal en remontant, c'est un inconvénient spécial aux outils à mortaiser et auquel on a voulu obvier.

L'outil (fig. 7) dont nous avons relevé nous-même le dessin, résout le problème très pratiquement. Il a été créé par M. Baville, ouvrier de la maison Cail, et construit par M. Durand à Paris. Depuis plus de huit ans, les ateliers du Chemin de fer du Nord l'emploient couramment. L'outil *a* est fixé dans la mortaise d'une pièce *b* par une petite clavette et une vis inférieures. Cette pièce *b* est, à son tour, ajustée dans une mortaise du porte-outil rond et articulée en *d*, elle laisse un jeu en *e* et en *f* qui permet à l'outil *a* et à la pièce *b* d'osciller un peu au moment de la montée; de la sorte, le frottement de l'outil est supprimé. L'outil, arrivé au haut de sa course, reprend sa position de travail, grâce aux deux petits ressorts *r r* comprimés à la montée et qui agissent sur la douille de la vis inférieure.

Ce porte-outil rond *d f* porte un ergot *g* qui, suivant qu'il est engagé dans l'une des entailles pratiquées sur la barre *h* lui donne une position différente. Ce porte-outil est retenu dans la barre *h* par sa tige vissée dans la pièce *i* qui est elle-même vissée et retenue par un écrou supérieur *k* à six pans et à mollette. Le ressort comprimé entre le porte-outil et la douille *i* facilite le démontage. La barre *h* est carrée à l'extérieur, elle est fixée sur le porte-outil principal à coulisse de la machine à mortaiser par des vis à la façon ordinaire.

## DU TRAVAIL A LA FRAISE (Pl. IX)

Le travail des métaux à la fraise a pris, depuis une vingtaine d'années, une importance croissante. La plus grande partie des pièces qui étaient travaillées à la machine à mortaiser ou à buriner sont faites aujourd'hui à la fraise, et cela avec une grande économie de temps et une plus grande perfection de travail. On conçoit que la fraise, animée d'un mouvement de rotation et parcourant une pièce sans la quitter, agit d'une façon continue, comme le tour, et, par suite, doit produire plus de travail que l'outil de la mortaise qui n'agit qu'en descendant et doit toujours avoir une course plus grande que la largeur de la pièce à travailler.

La figure 1 (1) représente une fraise employée aux ateliers de la Cⁱᵉ P.-L.-M. Ces fraises se font de différents diamètres, et, tant qu'elles travaillent en porte-à-faux, comme dans les machines verticales, leur longueur utile ne dépasse pas quatre fois le diamètre. Ces fraises sont à denture hélicoïdale qui donne un travail plus régulier que la denture droite, car, avec cette denture droite, chaque dent attaquerait la pièce en œuvre sur toute sa hauteur à la fois, produisant un petit choc à chaque attaque, tandis que, avec la denture en hélice, une dent, en passant de la position 1 (fig. 5), qui a commencé le copeau au point *d*, à celles 2 et 3, pousse devant elle et obliquement le métal qui lui est fourni par le mou-

---

(1) *Note sur les machines à fraiser*, par M. E. Desgrandchamps. *(Bulletin de la Société des Anciens Élèves des Écoles d'Arts et Métiers, année 1880.)*

vement continu d'avancement de la pièce, avancement représenté par $m$. Ces positions 1, 2 et 3, ayant l'intervalle des dents de la fraise, représentent également le travail fait par une même dent, ou celui de trois dents successives. Ainsi, pour la dent 3, le copeau qu'elle a commencé en son point $c$ sera terminé en son point $a$. C'est ce déplacement relatif oblique que M. Desgrandchamps a pris, par erreur, pour *l'angle de coupe*. L'angle de coupe est toujours celui de la section perpendiculaire à l'arête coupante, quelle que soit l'inclinaison de $a\,c$ ou l'angle $x$. Il suffit, pour s'en convaincre, de supposer une denture droite $x = 90°$, mais on ne pourrait pas dire que c'est là l'angle de coupe.

En partant de cette thèse, erronée selon nous, et en faisant $\alpha = 55°$, on trouve, comme nous l'avons fait pour la mèche américaine, pour le pas de l'hélice : $h = 4,5$ D. Quoi qu'il en soit de la détermination de ce pas, il paraît que c'est celui qui donne les meilleurs résultats. Quant au nombre de dents, la pratique a également indiqué qu'il doit être de 7 pour D $= 20$; 8 pour D $= 25$; 9 pour D $= 30$ et ainsi de suite en augmentant de 1 le nombre de dents pour une augmentation de 5 millimètres en diamètre.

Voici quelques exemples du travail fait à la fraise : une fraise de 20 mill. de diamètre, enlevant une épaisseur de fer de 10 mill. sur une largeur de 40 mill., avait un avancement de 45 mill. par minute. La même fraise, faisant dans une épaisseur de fer de 30 mill. une saignée, ce qui correspond à faire travailler la fraise sur la moitié de son pourtour, avait un avancement de 30 mill. par minute. Enfin, une fraise de 60 mill. de diamètre peut faire une saignée de 35 mill. de profondeur avec un avancement de 15 mill. par minute.

*Vitesse relative.* — La vitesse relative d'une fraise est beaucoup plus considérable que celle des outils ordinaires, parce que l'épaisseur du copeau est plus faible. Une fraise de 30 millimètres peut tourner à 200 tours, ce qui donne une vitesse relative, ou à la circonférence :

$$v = 3,14 \times 30 \times \frac{200}{60} = 314 \text{ millimètres.}$$

Avec l'avancement de 30 mill., l'avancement par tour est de : 30 : 200 $= 0^{m/m},15$; l'épaisseur du copeau sera 0,15 divisé par le nombre de dents de la fraise. Avec les fraises qui ne sont pas en porte-à-faux, la vitesse relative peut s'élever à 360 millimètres.

La taille de ces fraises se fait à l'aide d'une petite fraise (fig. 3). Si son diamètre $o$ (fig. 2) rencontre l'axe de la fraise, la face antérieure des dents est normale comme figure 5; si, au contraire, un diamètre de la petite fraise passe en $o'$, tous ses diamètres seront successivement tangents à un cylindre fictif de diamètre $d$ et la face antérieure des dents sera inclinée comme figure 4, ce qui donnera un angle de coupe plus petit.

L'affûtage de ces fraises se fait au moyen d'une petite meule en émeri (fig. 4), dont nous parlerons plus loin, dont le centre *o'* est porté à droite du centre *o* de la fraise; cette déviation donne l'angle *i* d'incidence d'environ 8 à 10°.

De petites machines spéciales pour cet affûtage ont été faites, et, pendant que la meule tourne rapidement, le déplacement de la fraise, normalement au dessin et s'appuyant sur le doigt fixe *k*, fait que la dent hélicoïdale que l'on taille se présente toujours en *a* sous la meule avec le même angle.

Cet affûtage a encore pour effet de rendre la fraise parfaitement cylindrique, en rectifiant la déformation qui pourrait s'être produite lors de la trempe.

La figure 6 nous fait voir deux positions de la fraise travaillant une bielle à double chape, comme il s'en rencontre beaucoup dans le mécanisme de distribution des locomotives. M. E. Desgrandchamps a appliqué à ce travail le système des gabarits, qui permet à la fraise de suivre automatiquement un profil donné (1).

Les figures 9 représentent des fraises à deux et trois tailles et une fraise cylindrique à quatre tailles, dont un côté seul travaille quand l'autre est usé.

La figure 10 est une fraise dite de forme servant à tailler des engrenages.

On conçoit que toute forme peut être donnée à une fraise et que, par suite, on peut obtenir des pièces de tous profils.

**Fraises en acier cémenté.** — Les fraises taillées dans un bloc d'acier dur se déforment toujours à la trempe et souvent se brisent. Pour diminuer ces effets, ainsi que nous l'avons déjà dit page 31, certains constructeurs taillent leurs fraises dans des aciers peu carburés, puis les cémentent et trempent. Ces fraises dont l'âme est moins dure que la partie extérieure sont aussi plus élastiques.

**Grandes fraises.** — M. Huré construit des fraises à deux, trois ou cinq

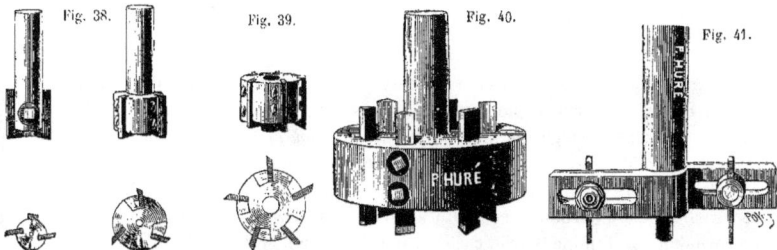

lames, rapportées sur un même mandrin (fig. 38-39). Ces fraises se prêtent mieux que celles taillées dans un bloc d'acier, aux réparations.

Pour les plus grandes machines, la fraise peut être constituée comme figure 40 par des burins en acier triangulaire, emmanchés dans les trous également trian-

(1) *Bulletin de la Société des Anciens Élèves des Arts et Métiers*, février 1880.

gulaires d'un même mandrin et retenus chacun par deux vis à têtes noyées.

A cette même catégorie d'outils appartient celui figure 41, composé simplement de deux burins réglés à égale distance de l'axe, et servant à découper une surface annulaire. Cet outil rend de grands services pour percer les plaques tubulaires des générateurs inexplosibles, qui se répandent de plus en plus.

# RECTIFICATION

Nous ne pouvons indiquer ici que le principe de ce travail.

Aujourd'hui, la plupart des articulations des machines, les tourillons des arbres des machines à grande vitesse, sont cémentés et trempés, mais ce perfectionnement qui améliore les frottements tout en diminuant l'usure n'a pu être pratiqué, sur des pièces de toutes dimensions, que depuis qu'on sait rectifier la forme géométrique de ces pièces, toujours un peu altérée à la trempe.

Cette rectification se fait, comme nous venons de le voir pour les fraises, au moyen de petites meules en émeri animées d'un mouvement de rotation rapide.

La figure 8 représente la rectification d'un axe monté sur le tour; cet axe tourne lentement en sens inverse de la meule, et en même temps cette meule reçoit un déplacement lent le long de la pièce.

La figure 7 indique la rectification d'un alésage: la pièce est fixe, mais la meule est animée de trois mouvements : 1° rotation sur son axe; 2° rotation lente de cet axe autour du centre o de la pièce; et 3° déplacement perpendiculaire au plan de la figure, pour que la meule alèse le trou sur toute sa hauteur.

# MATIÈRES A USER. — MEULES

Les matières à user sont en réalité des outils d'une grande ténuité, mais dont l'action devient très énergique à mesure que s'élève leur vitesse.

Les matières, en grains plus ou moins fins, que l'on emploie pour user les métaux, doivent présenter au microscope des arêtes ou angles aigus et non arrondis.

Ces matières sont : les *sables quartzeux* (silice anhydre), provenant des grès ou du silex; mais surtout l'*émeri* (silicate d'alumine ferreux, ou corindon ferreux). Le corindon ou alumine, est le corps le plus dur après le diamant, suivant sa coloration, il prend les noms de rubis, saphir, émeraude, topaze, grenat.

L'émeri nous vient de Naxos, en Grèce, ou de Smyrne (Levant).

Ces matières sont employées pour le polissage ou le dressage des pièces, en grains réunis par un peu d'huile. Souvent aussi elles sont collées sur du papier, ou mieux de la toile, ou sur le cuir des roues de polissoir. On fait aussi du papier à verre avec du verre pilé. Mais c'est surtout sous forme de meules que ces matières rendent les plus grands services pour l'user et le travail précis des métaux.

Les *rouges d'Angleterre, de Nuremberg, indien,* etc., en poudres impalpables, que l'on emploie pour polir les métaux et les verres d'optique, sont des ocres jaunes qui, chauffées au rouge sur des plaques métalliques, s'oxydent, se déshydratent en changeant de couleur.

Les *meules naturelles* en grès, dites meules de Saverne, sont peu dures et surtout peu homogènes; elles s'usent inégalement et se rompent facilement à grande vitesse; elles ne sont avantageuses que pour les grandes largeurs et des travaux grossiers tels que l'ébarbage et l'affûtage à la main. Leur surface doit être constamment mouillée pour éviter l'échauffement.

Fig. 42.

**Meules artificielles.** — La meule artificielle ne sert pas seulement, comme on l'a écrit souvent, pour les travaux grossiers tels que l'ébarbage, etc.; faite en émeri pur, elle sert aussi à la rectification des pièces de machines trempées, et à l'affûtage des outils, comme nous l'avons vu, c'est-à-dire aux travaux de la plus grande précision.

Ces meules sont composées du *mordant* : grès, silex ou émeri et d'un *ciment* ou aggloméranț : caoutchouc, gomme laque ou chlorure de magnésie, etc.

Les meules dites *Tanite*, qui nous viennent d'Amérique, sont, paraît-il, en émeri pur, aggloméré par un composé de colle-forte et tanin.

Le mordant est à grains plus ou moins fins suivant les besoins. Pour faire une meule en caoutchouc, on malaxe entre deux cylindres les grains du mordant avec 1,10 environ en poids de pâte de caoutchouc contenant de la fleur de soufre, le poids total étant celui de la meule à faire. Le mélange est comprimé dans un moule en fonte et enfin la meule est soumise, dans un récipient, à la vapeur qui vulcanise le caoutchouc.

La gomme laque est simplement fondue avec les grains et on laisse refroidir.

Le chlorure de magnésie, liquide, est simplement versé sur les grains dans le moule, on agite un peu, et on laisse sécher.

Ces agglomérants ne présentent pas les mêmes garanties, et quand on songe aux accidents causés par les ruptures de meules, on ne saurait être trop circonspect.

L'agglomérant ne doit pas s'altérer par la chaleur qui se développe pendant le travail, ni répandre d'odeur gênante pour l'ouvrier. Il ne doit pas être cassant, car dans le travail de grosses pièces, la meule peut éprouver des chocs; or la gomme laque est un peu cassante.

Cet agglomérant ne doit pas s'altérer à l'air; or le chlorure de magnésie, très résistant à l'air sec, étant hygrométrique, s'altère à l'humidité.

Pour prévenir les ruptures, on arme ces meules de diverses façons ou on les ferme entre deux plateaux coniques, ou on les entoure d'une enveloppe.

Jusqu'à présent, la meule de caoutchouc conserve une supériorité sur toutes les autres, sa vitesse tangentielle, que le fabricant M. D. Poulot limite à 25 ou 26 mètres a souvent été dépassée sans accident.

Les dispositions que l'on donne aux machines portant des meules, varient beaucoup suivant la nature des travaux à faire. Les meules travaillent le plus habituellement sur le champ, comme dans la figure 42, qui est disposée pour que deux ouvriers puissent travailler en même temps.

Les vitesses tangentielles limites, ou le nombre de tours qu'il ne faut pas dépasser, varient, d'après les indications des fabricants et nos propres informations, avec les agglomérants, comme suit :

| NATURE DE L'AGGLOMÉRANT | | CAOUTCHOUC | GOMME LAQUE | CHLORURE DE MAGNÉSIE |
|---|---|---|---|---|
| | | Tours. | Tours. | Tours. |
| Diamètres . . . . | 0.25 | 2.000 | 1.400 | 1.200 |
| | 0.50 | 1.000 | 700 | 600 |
| | 1.00 | 500 | 350 | 300 |
| Vitesse tangentielle . . . . | | 20 à 25ᵐ. | 16 à 18ᵐ. | 14 à 15ᵐ. |

D'autres fois, les meules sont montées en bout de l'arbre, comme le plateau d'un tour en l'air, et travaillent sur leur face plate. D'autres fois, enfin, elles sont montées sur un arbre vertical en lapidaire.

## CHAPITRE VII

# MACHINES-OUTILS

## MACHINE A PERCER (Fig. 43.)

DE MM. DANDOY-MAILLARD, LUCQ ET C^ie, A MAUBEUGE

Tout le mécanisme de mouvement est porté par un bâti en col de cygne boulonné sur une colonne cylindrique portant un socle boulonné sur une pierre ou un massif en béton.

La mèche est placée au bout de l'arbre vertical A et doit être bien centrée. Cet arbre est commandé par une courroie passant sur l'un des étages du cône B, il tourne donc plus ou moins vite suivant le diamètre de la mèche. Pour de gros diamètres ou des alésages demandant une rotation lente, le cône est rendu fou et il conduit l'arbre A par l'intermédiaire des engrenages ralentisseurs C placés devant lui et sur un arbre intermédiaire. La descente de l'outil se fait par la vis supérieure D, dont l'écrou tourne à la main ou automatiquement par un petit excentrique E, et par l'intermédiaire d'un petit arbre vertical que l'on voit en avant de la figure.

La colonne reçoit une pièce transversale qui peut s'élever ou s'abaisser à l'aide d'une vis sans fin, d'un pignon, et d'une crémaillère. Cette pièce porte d'un côté un plateau rond tournant, pour les alésages; de l'autre, un plateau double d'équerre, à rainures, mobile sur une coulisse, et sur lequel on fixe la pièce à percer.

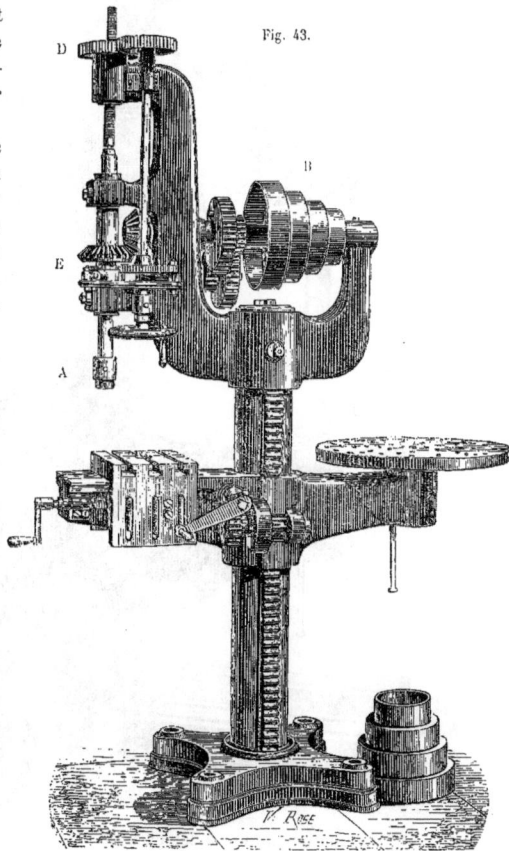

Fig. 43.

9

## GRANDE MACHINE A PERCER (Fig. 44. — D. M. L. et Cᵉ.)

Le bâti creux est en une seule pièce, il est boulonné sur une plaque munie de rainures. Le mouvement est donné à l'arbre vertical porte-outil, comme précédemment au moyen d'un cône, soit directement, soit par l'intermédiaire de deux paires d'engrenages.

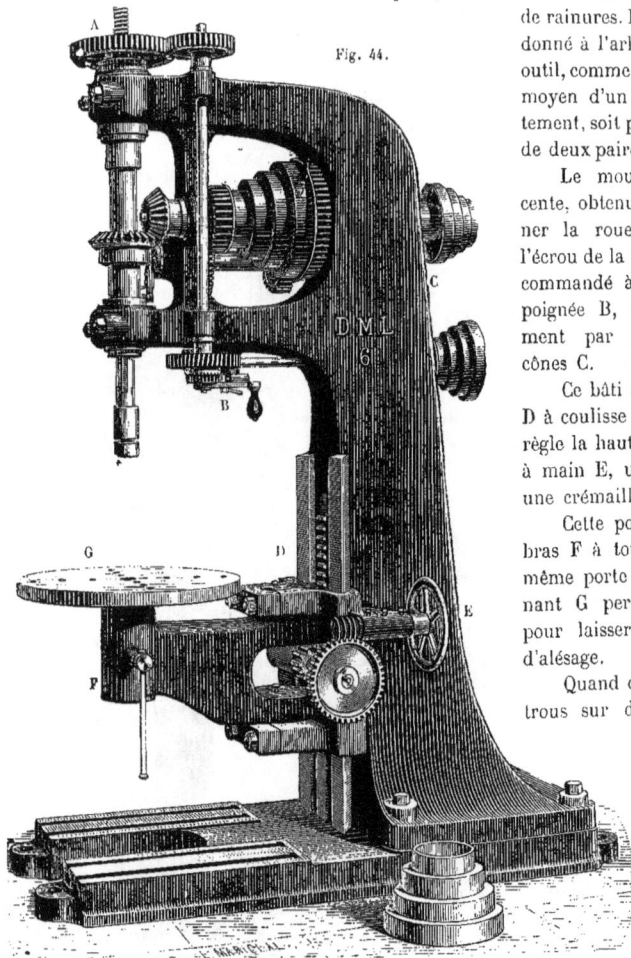

Fig. 44.

Le mouvement de descente, obtenu en faisant tourner la roue A montée sur l'écrou de la vis supérieure, est commandé à la main par la poignée B, ou automatiquement par les deux petits cônes C.

Ce bâti reçoit une poupée D à coulisse verticale, dont on règle la hauteur par le volant à main E, une vis sans fin et une crémaillère.

Cette poupée D porte le bras F à tourillons, qui lui-même porte le plateau tournant G percé en son centre pour laisser passer la barre d'alésage.

Quand on a à percer des trous sur de grosses pièces, comme par exemple pour percer les brides d'un cylindre de machine à vapeur, on rejette sur le côté le bras F, et on fixe la pièce sur la plaque de fondation munie à cet effet de rainures pour recevoir les boulons nécessaires.

# TOUR PARALLÈLE (Fig. 45. — D. M. L. et Cⁱᵉ.)

Le tour est le plus ancien outil connu, il a été longtemps la seule machine des ateliers primitifs. L'invention du support ou porte-outil à chariot, attribué à l'Anglais Bramah et développé par le constructeur H. Mandslay, permettant de conduire l'outil, tenu d'une façon rigide, dans toutes les directions, avec plus de précision que par la main de l'homme, a constitué l'un des plus importants perfectionnements dans le travail des métaux. Ce support comprend essentiellement deux coulisses d'équerre, celle supérieure portant l'outil, mues chacune par une vis qui, manœuvrées séparément ou simultanément permettent de donner à l'outil toutes les directions.

Son principe est appliqué à toutes les machines-outils.

Le tour parallèle est ainsi nommé parce que l'outil peut suivre automatiquement une ligne parallèle à l'axe du tour, comme nous le verrons. Aujourd'hui dans les ateliers de construction il n'y a plus, à part les tours spéciaux, que des tours parallèles, et ils sont de beaucoup plus nombreux que toutes les autres machines-outils. C'est qu'en effet les pièces rondes sont aussi de beaucoup les plus nombreuses dans la plupart des machines et engins de toutes espèces. Il faut aussi toujours chercher à utiliser le tour, car c'est la machine qui fait le plus de travail par suite de l'action continue de l'outil.

En principe, on peut faire sur le tour presque tous les travaux que font les autres machines : Percer, aléser, tourner cylindrique ou conique, fileter à l'extérieur ou à l'intérieur, enfin dresser des surfaces, parallèles au plateau.

Le tour est donc de toutes les machines-outils la plus intéressante.

Un tour se compose : 1° d'un banc en fonte monté sur deux ou plusieurs pieds, suivant sa longueur. La table supérieure du banc est rabotée sur toute son étendue, et ses bords sont biseautés pour recevoir le plateau glissant qui porte le support à chariot porte-outil 2°.

A gauche, par rapport à l'ouvrier, est la poupée fixe A boulonnée sur le banc, portant l'arbre du tour. Cet arbre est conduit par le cône à courroie, directement, si l'on tourne vite, ou par l'intermédiaire de deux paires de roues dentées et d'un arbre parallèle, placé en arrière sur la figure. L'arbre du tour porte en avant un plateau ou un mandrin quelconque, vissés sur son nez, et servant à fixer les pièces à tourner, quand elles sont courtes. Cet arbre est le plus souvent percé sur toute sa longueur pour recevoir un porte-lame. Pour tourner des arbres on les place entre une pointe ajustée sur le nez du tour et la contre-pointe dont est armé l'axe de la poupée de droite B. Cette contre-pointe est mobile au moyen d'une vis intérieure et d'un petit volant à main.

Voyons maintenant la manœuvre de l'outil. L'outil est fixé sur le support a chariot C composé de deux coulisses d'équerre et celui-ci est fixé sur le plateau mobile ajusté sur le banc. Le mouvement longitudinal est donné à ce plateau, et par suite à l'outil au moyen d'une vis intérieure au banc dite *vis mère*, commandée elle-même par l'arbre du tour au moyen des engrenages F. Une crémaillère que l'on voit en avant du banc permet en débrayant la vis mère de ramener promptement à la main le chariot au point voulu.

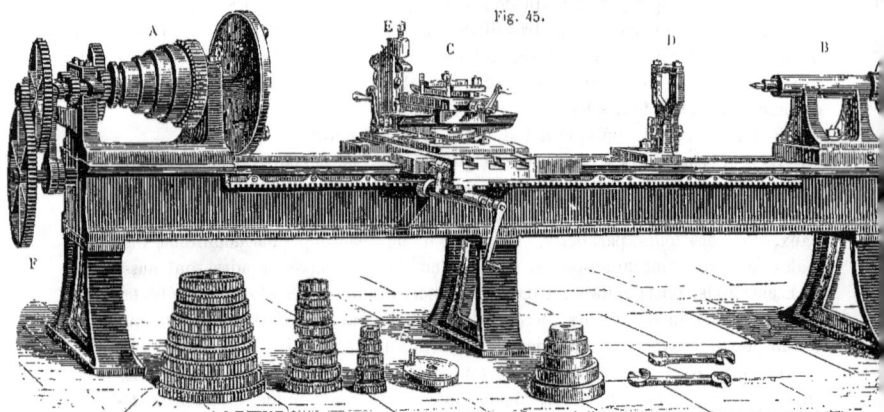

Fig. 45.

E est un support à trois touches qui suit le chariot; placé en face de l'outil, il empêche l'arbre de vibrer sous la persistance de l'outil.

D est une lunette qui permet de tourner en bout une pièce longue; sur la figure, cette lunette est dégarnie de ses coussinets.

**Calcul des roues pour charioter et fileter** (fig. 46). — En changeant les roues F, on établit tel rapport que l'on veut entre le nombre de tours de l'arbre A et celui de la vis mère, suivant qu'on veut charioter ou fileter.

Le calcul de ces roues est simple, c'est de l'arithmétique pure, et tout ce qui a été publié sous le titre de *nouvelles méthodes* est aussi vieux que le tour.

Soit P le pas à obtenir ou avancement de l'outil par tour.

$p$ le pas de la vis mère.

Les roues A à F seront représentées par leurs nombres de dents.

La roue A peut conduire F (I) directement ou par une roue intermédiaire I quelconque. Mais plus habituellement on emploie le double harnais (II); l'axe des roues B-C est mobile dans la mortaise d'un bras dit *tête de cheval* monté sur la vis mère et assujetti par un ou deux boulons.

On emploie plus rarement le triple harnais (III). Dans ces trois cas, on a :

Harnais simple:     $\dfrac{P}{p} \cdots : \dfrac{A}{F}$ ........ la roue I est quelconque.

—     double:     $\dfrac{P}{p} = \dfrac{A}{B} \times \dfrac{C}{F}$.

—     triple :     $\dfrac{P}{p} = \dfrac{A}{B} \times \dfrac{C}{D} \times \dfrac{E}{F}$.

Or, l'arithmétique nous apprend : *qu'un rapport n'est pas changé quand on remplace les termes par leurs facteurs, ou quand on multiplie ou divise les deux termes ou un de leurs facteurs haut et bas, par un même nombre.*

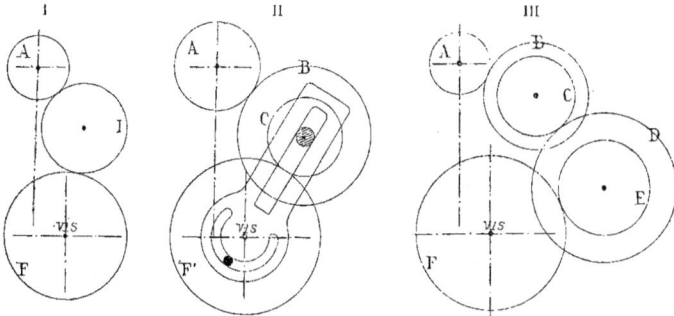

Fig. 46.

Dans l'établissement d'une série de roues, on se donne la plus petite roue, soit A = 20 à 25; les autres nombres de dents seront des multiples de 5 et on n'admet pas deux roues semblables dans la même série. Enfin, le rapport de deux roues engrenant ensemble dépasse rarement 1 : 6.

Employons le double harnais (II) avec une vis mère dont le pas $p = 8$ millim.

*Premier exemple.* — Quel sera l'avancement P de l'outil en employant les plus petites roues A = 20, C = 25, engrenant avec des roues six fois plus grandes :

$$P = 8 \times \frac{20}{120} \times \frac{25}{150} = 8 \times \frac{1}{6} \times \frac{1}{6} = 0,22 \text{ millimètres environ}.$$

Le pas le plus grand s'obtiendra en renversant ces rapports :

$$P = 8 \times \frac{120}{20} \times \frac{150}{25} = 8 \times 36 = 288 \text{ millim}.$$

Si l'avancement $P = 0.22$ est la donnée, on a en multipliant les pas par 100 :

$$\frac{P}{p} = \frac{22}{800} = \frac{1}{36} = \frac{1}{6} \times \frac{1}{6} = \frac{20}{120} \times \frac{25}{150}.$$

S'il s'agissait du triple harnais, on remplacerait 1 : 36 par trois facteurs :

$$\frac{1}{36} = \frac{1}{3} \times \frac{1}{3} \times \frac{1}{4} = \frac{20}{60} \times \frac{25}{75} \times \frac{30}{120}, \text{ ou autres.}$$

Règle. — La règle à suivre consiste donc : *à remplacer le rapport des pas P : p, par des rapports simples*, deux pour le double harnais, trois pour le triple harnais; puis *à multiplier les termes de chaque rapport par un multiple de 5, en évitant d'avoir des roues semblables.*

On remarquera que l'on peut intervertir l'ordre des roues au numérateur comme au dénominateur; ainsi le triple harnais précédent peut se disposer ainsi :

$$\frac{20}{75} \times \frac{25}{60} \times \frac{30}{120} \quad \text{ou} \quad \frac{20}{71} \times \frac{25}{120} \times \frac{30}{60}, \text{ etc.}$$

$2^e$ *exemple*. — Soit à établir le pas $P = 3$, quelles seront les roues? On a :

$$\frac{P}{p} = \frac{3}{8} = \frac{3}{4} \times \frac{1}{2} = \frac{45}{60} \times \frac{50}{100} = \dots, \text{ etc.}$$

$$A = 45, \ B = 60, \ C = 50, \ F = 100.$$

Toutes les roues $A : B = 3 : 4$ avec celles $C : F = 1 : 2$ satisferont aussi.

$3^e$ *exemple*. — Soit à établir le pas $P = 7.5$; multiplions les pas par 10, on a :

$$\frac{P}{p} = \frac{75}{80} = \frac{15}{16} = \frac{5}{8} \times \frac{3}{2} = \frac{50}{80} \times \frac{90}{60}, \text{ etc.}$$

$$A = 50, \ B = 80, \ C = 90, \ F = 60.$$

Toutes les roues $A : B = 5 : 8$, avec celles $C : F = 3 : 2$, satisferont aussi :

$4^e$ *exemple*. — Soit à établir le pas $P = 21$, on a :

$$\frac{P}{p} = \frac{21}{8} = \frac{3}{2} \times \frac{7}{4} = \frac{90}{60} \times \frac{70}{40}, \text{ etc.}$$

$$A = 90, \ B = 60, \ C = 70, \ F = 50.$$

$5^e$ *exemple*. — Soit à établir le pas $P = 0,8$, on a :

$$\frac{P}{p} = \frac{0,8}{8} = \frac{1}{10} = \frac{3}{10} \times \frac{1}{3} = \frac{45}{150} \times \frac{40}{120} = \frac{40}{150} \times \frac{45}{120}.$$

C'est ainsi qu'a été calculé le tableau suivant, qui, avec dix-sept roues, dont les nombres de dents sont :

20, 25, 30, 40, 45, 50, 60, 65, 70, 85, 90, 95, 100, 110, 120, 150,

permet d'obtenir 75 pas P différents, de 0,22 à 100 millimètres.

Cette série de roues a été exécutée couramment.

### TABLEAU DES ROUES POUR CHARIOTER ET FILETER

| PAS | A | B | C | F | PAS | A | B | C | F | PAS | A | B | C | F |
|---|---|---|---|---|---|---|---|---|---|---|---|---|---|---|
| 0.22 | 20 | 120 | 25 | 150 | 14 | 70 | 80 | 100 | 50 | 48 | 100 | 50 | 120 | 40 |
| 0.50 | 45 | 120 | 25 | 150 | 15 | 50 | 80 | 90 | 30 | 50 | 150 | 60 | 100 | 40 |
| 0.80 | 45 | 120 | 40 | 150 | 16 | 120 | 30 | 50 | 100 | 51 | 150 | 50 | 85 | 40 |
| 1 | 45 | 120 | 50 | 150 | 17 | 85 | 80 | 120 | 60 | 52 | 100 | 25 | 65 | 40 |
| 1 ½ | 45 | 120 | 50 | 100 | 18 | 90 | 80 | 120 | 60 | 54 | 150 | 100 | 90 | 40 |
| 2 | 50 | 100 | 60 | 120 | 19 | 100 | 50 | 95 | 80 | 55 | 150 | 60 | 110 | 40 |
| 2 ½ | 45 | 60 | 50 | 120 | 20 | 100 | 80 | 120 | 60 | 56 | 120 | 30 | 70 | 40 |
| 3 | 45 | 60 | 50 | 100 | 21 | 90 | 60 | 70 | 40 | 57 | 95 | 30 | 90 | 40 |
| 3 ½ | 50 | 100 | 70 | 80 | 22 | 110 | 50 | 100 | 80 | 60 | 100 | 40 | 90 | 30 |
| 4 | 20 | 80 | 100 | 50 | 24 | 100 | 50 | 90 | 60 | 64 | 120 | 30 | 100 | 50 |
| 4 ½ | 50 | 100 | 90 | 80 | 25 | 100 | 80 | 150 | 60 | 65 | 150 | 30 | 65 | 40 |
| 5 | 50 | 40 | 60 | 120 | 26 | 100 | 40 | 65 | 50 | 66 | 150 | 50 | 110 | 40 |
| 5 ½ | 50 | 100 | 110 | 80 | 27 | 120 | 40 | 90 | 80 | 68 | 120 | 30 | 85 | 40 |
| 6 | 50 | 100 | 90 | 60 | 28 | 100 | 50 | 70 | 40 | 70 | 150 | 30 | 70 | 40 |
| 6 ½ | 50 | 40 | 65 | 100 | 30 | 100 | 40 | 90 | 60 | 72 | 150 | 50 | 120 | 40 |
| 7 | 45 | 90 | 70 | 40 | 32 | 100 | 50 | 80 | 40 | 75 | 150 | 80 | 100 | 20 |
| 7 ½ | 50 | 80 | 90 | 60 | 33 | 90 | 60 | 110 | 40 | 76 | 120 | 30 | 95 | 40 |
| 8 | 50 | 100 | 120 | 60 | 34 | 100 | 50 | 85 | 40 | 80 | 120 | 30 | 100 | 40 |
| 8 ½ | 50 | 100 | 85 | 40 | 35 | 150 | 60 | 70 | 40 | 85 | 150 | 30 | 85 | 40 |
| 9 | 50 | 100 | 90 | 40 | 36 | 90 | 60 | 120 | 40 | 88 | 150 | 30 | 110 | 50 |
| 9 ½ | 50 | 100 | 95 | 40 | 38 | 100 | 50 | 95 | 40 | 90 | 150 | 30 | 90 | 40 |
| 10 | 50 | 80 | 90 | 45 | 40 | 100 | 60 | 120 | 40 | 95 | 150 | 30 | 95 | 40 |
| 11 | 50 | 100 | 110 | 40 | 42 | 150 | 50 | 70 | 40 | 96 | 120 | 30 | 150 | 50 |
| 12 | 50 | 100 | 120 | 40 | 44 | 110 | 50 | 100 | 40 | 99 | 110 | 40 | 90 | 20 |
| 13 | 65 | 80 | 100 | 50 | 45 | 150 | 60 | 90 | 40 | 100 | 150 | 40 | 100 | 30 |

## TOUR EN L'AIR (Fig. 47. — D. M. L. et Cⁱᵉ.)

On nomme ainsi les tours sur lesquels les pièces sont travaillées étant en porte-à-faux, par opposition aux autres tours où les pièces sont le plus souvent travaillées entre pointes.

Ces tours s'emploient pour tourner des pièces de grands diamètres. Le plateau, sur lequel on fixe les pièces, est monté sur un arbre fort, tournant dans les colets de la poupée. Le mouvement lui est donné par un cône avec simple, ou double, ou triple harnais d'engrenages.

Le support à chariot porte-outil, placé en avant,

Fig. 47.

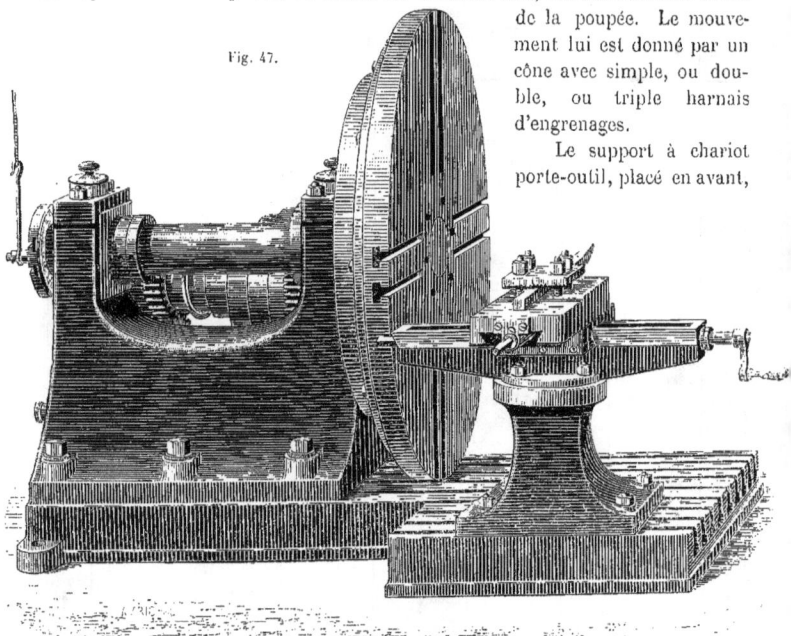

repose par son socle sur la même plaque que la poupée. Les rainures ménagées dans cette plaque permettent de placer le chariot à la demande de la pièce.

On voit, à l'arrière de l'arbre du plateau, un petit bouton de manivelle qui, par un crochet, imprime à une corde un mouvement alternatif que l'on peut utiliser au moyen de renvois supérieurs pour conduire automatiquement la vis de l'une des coulisses du chariot porte-outil.

# TOUR POUR ROBINETTERIE (Fig. 48) DE M. HURÉ, A PARIS

Ce tour, dont nous avons vu, pour la première fois, un spécimen exposé par MM. Smith et Coventry, en 1867, est un perfectionnement du tour de Copper. Il est parfaitement agencé pour le travail rapide et précis de la robinetterie et de toute la cuivrerie, ainsi que d'un grand nombre d'autres pièces prises dans la barre, ou à monter sur mandrin.

Fig. 48.

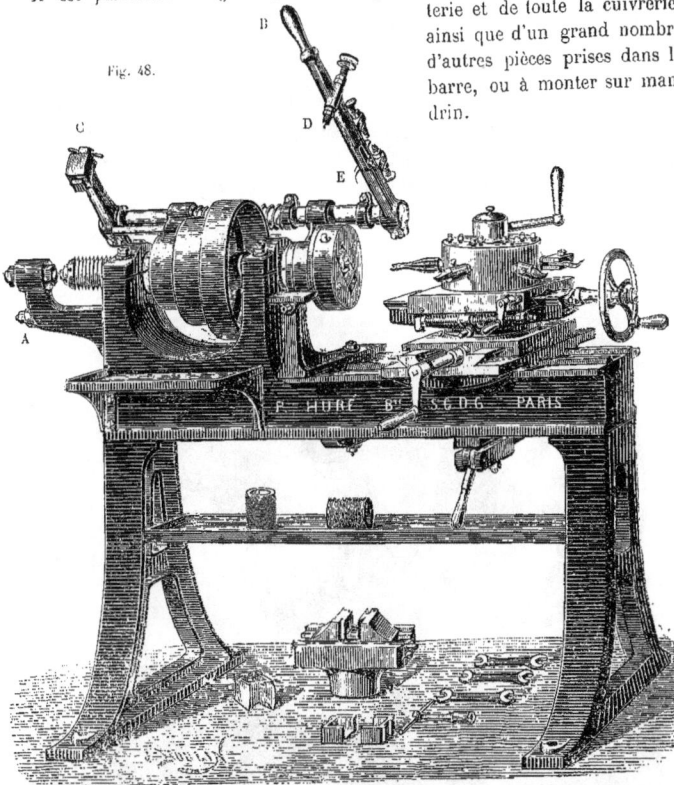

La figure 48 ci-dessus représente un tour avec les derniers perfectionnements qu'y a apportés le constructeur, M. Huré, et qu'il appelle *le Rapide*.

La poupée de gauche, venue de fonte avec le banc, porte un arbre en acier percé de part en part, tournant sur de larges coussinets en bronze et muni d'un cône à trois vitesses.

10

Le bras **A**, qui porte la butée du bout de l'arbre, est mobile sur un axe pour s'effacer. Si on enlève alors le grain d'acier placé au bout de l'arbre, on pourra introduire dans le creux de l'arbre la barre de métal, fer ou cuivre, sur laquelle on veut façonner de petites pièces.

Le support à chariot, fixé au banc par un levier de calage sous le banc, est à pivot pour tourner ou aléser conique les boisseaux et clefs de robinets.

Ce chariot peut être muni d'une tourelle portant six outils, dite aussi revolver, et qui permettent l'exécution rapide de pièces semblables. Chaque coulisse est munie de butées de réglage.

Pour former un filet de vis, l'ouvrier abaisse le levier B, la butée D vient porter sur un petit support, et, en même temps, l'empreinte à vis que porte le levier C, monté sur le même axe, vient s'adapter sur un manchon fileté calé au bout de l'arbre; dès lors, l'outil E tracera sur la pièce un filet de vis identique à celui du manchon ; en changeant le manchon, on obtiendra les filets que l'on voudra. Un ressort à boudin ramène toujours en avant le système C E et le tient relevé au repos.

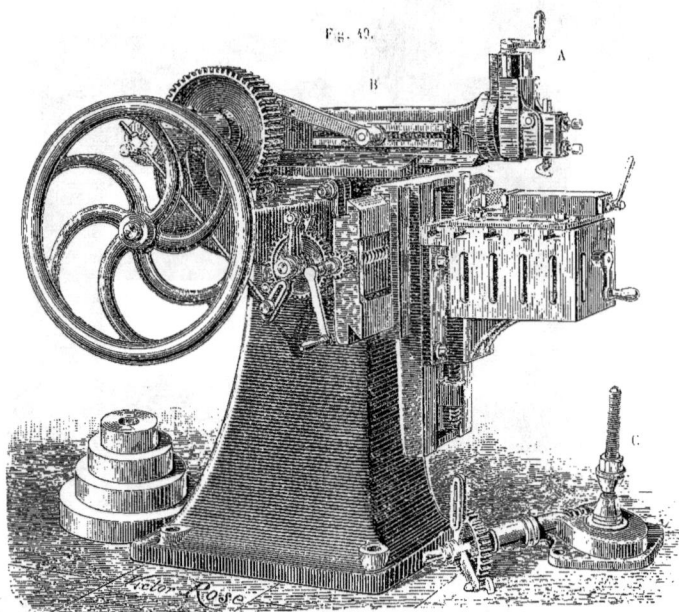

Fig. 49.

Course de l'outil : 0,275. — Hauteur sur l'outil : 0,350.
Course transversale du chariot : 0,550. — Poids : 940 kilogrammes.

# ÉTAU LIMEUR OU RABOT TRANSVERSAL (Fig. 49. — D. M. L. et Cⁱᵉ.)

Ces machines servent au travail des petites et moyennes pièces. Toute la machine est portée par un socle en fonte boulonné au sol. Le porte-outil A, à coulisse verticale, peut s'incliner sur la tête de la pièce mobile à coulisse horizontale B. Le mouvement alternatif de cette pièce B lui est donné par une bielle,

Fig. 50.

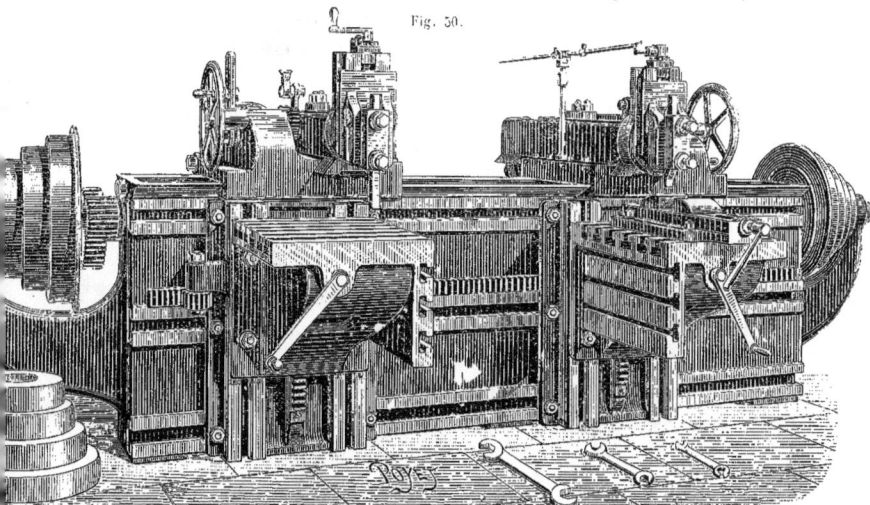

dont le bouton est sur la roue dentée; celle-ci est commandée par un pignon et un cône, dont le correspondant se voit à terre. On pourrait commander à la main en plaçant une soie de manivelle sur le volant.

La pièce à travailler est prise dans l'étau mobile ou fixée sur l'une des faces du plateau-équerre.

Ce plateau peut être plus ou moins élevé au moyen d'une vis verticale, Enfin, la table, qui le porte, peut se déplacer sur une coulisse horizontale, soit à la main, soit automatiquement.

La pièce C, qui peut être montée à la place du plateau-équerre, est un axe à deux cônes, permettant de centrer par l'œil une tête de bielle ronde; cet axe et la pièce reçoivent par une vis sans fin un mouvement de rotation qui permet de raboter en rond l'extérieur d'une tête de bielle.

## RABOT TRANSVERSAL DOUBLE (Fig. 50. — D. M. L. et C^ie.)

Cette machine permet de travailler en même temps les deux extrémités d'une pièce, les deux têtes d'une bielle, par exemple. Ici, ce sont les coulisses des porte-outils qui sont mobiles, et chacune a son cône de commande spécial.

Les plateaux d'équerre, placés en avant, sont mobiles verticalement ou horizontalement au moyen de pignons et crémaillères pour placer la pièce dans la position voulue, mais ils sont boulonnés au bâti pendant le travail.

## MACHINES A RABOTER A PLATEAU (Fig. 51. — D. M. L. et C^ie.)

Ces machines servent à raboter de grandes surfaces. Le plateau sur lequel sont fixées les pièces est mobile, conduit par un pignon et une crémaillère inté-

| | N^os 1. | 2. | 3. |
|---|---|---|---|
| Course . . . . . . | 1.200 | 1.700 | 2.100 |
| Largeur. . . . . . | 0.600 | 0.600 | 0.750 |
| Hauteur sous l'outil. | 0.600 | 0.600 | 0.750 |
| Poids . . . . . . . | 1.800^kg | 2.025^kg | 2.700^kg |

Fig. 51.

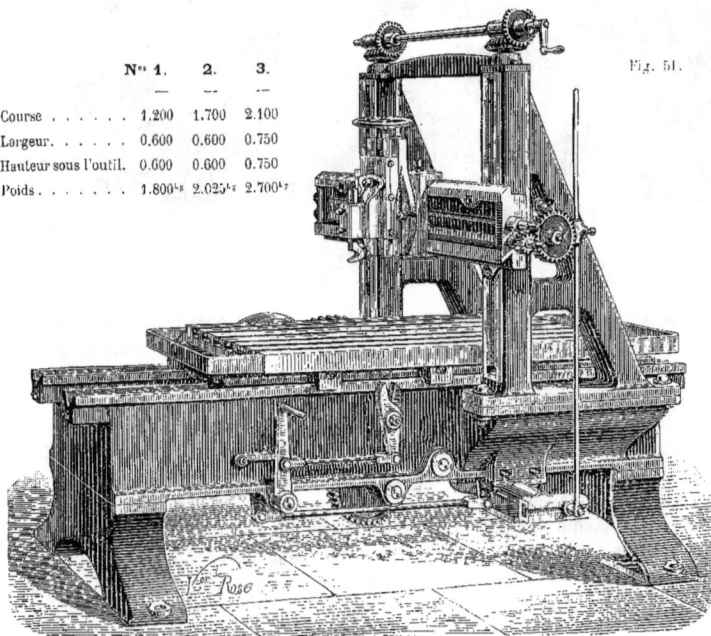

rieure; le retour est toujours plus rapide. Le changement de direction et le mouvement transversal de l'outil, sont déterminés par des taquets fixés au plateau. Le déplacement vertical de la coulisse horizontale se fait à la main au moyen de deux vis, une dans chaque montant. Ces machines à plateau se font de dimensions parfois considérables.

## MACHINE A MORTAISER (Fig. 52. — D. M. L. et C<sup>ie</sup>.)

Ces machines servent à pratiquer des rainures ou mortaises, à l'intérieur des alésages, par exemple, et à raboter transversalement des surfaces exté-

| DIMENSIONS DES MORTAISEUSES | N° 2. | 3. | 4. | 5. | 6. |
|---|---|---|---|---|---|
| Course de l'outil | 0.150 | 0.200 | 0.250 | 0.350 | 0.450 |
| Distance de l'outil au bâti | 0.400 | 0.500 | 0.600 | 0.800 | 1.000 |
| Hauteur sous le bras du bâti | 0.300 | 0.350 | 0.400 | 0.600 | 0.700 |
| Diamètre du plateau circulaire | 0.500 | 0.600 | 0.700 | 0.900 | 1.200 |
| Course du chariot { sur le bâti | 0.300 | 0.400 | 0.500 | 0.800 | 1.000 |
| Course du chariot { transversale | 0.500 | 0.550 | 0.600 | | |
| Poids approximatifs | 1.160k | 1.650k | 2.100k | 4.600k | 6.450k |

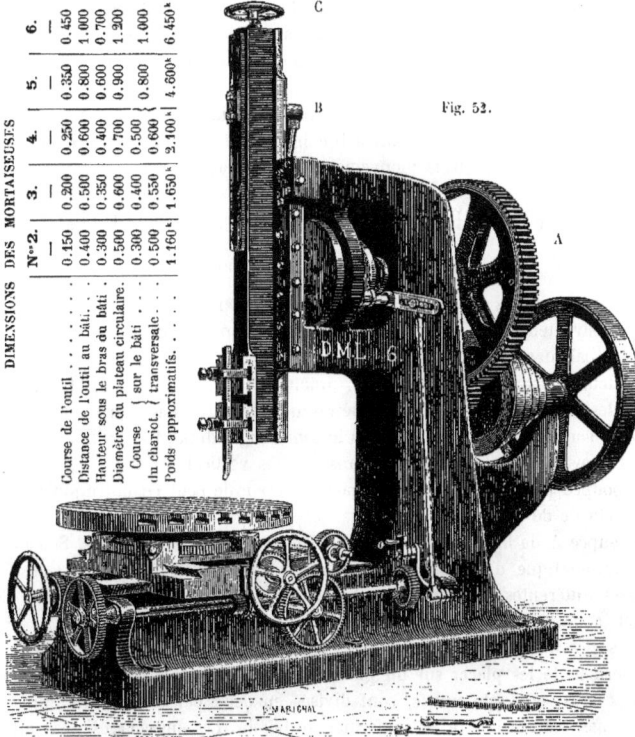

Fig. 52.

rieures, comme le contour d'une manivelle. La roue dentée A reçoit le mouve
ment d'un pignon placé sur l'arbre du cône de commande, arbre muni d'un
petit volant pour régulariser le mouvement. L'axe de cette roue A porte à
l'avant un plateau manivelle à bouton mobile pour varier la course; ce bouton conduit, par l'intermédiaire de la bielle B, le porte-outil D, guidé dans
les bras du bâti, et par suite l'outil qui possède ainsi un mouvement vertical
alternatif. Le petit volant supérieur C commande une vis intérieure qui
sert à régler la position relative du bouton B de la bielle, par rapport
au porte-outil D. La course de l'outil est donc non seulement variable, mais
encore elle se produit à une hauteur variable au-dessus du plateau de la machine.

Ce plateau, sur lequel on fixe la pièce, peut recevoir trois mouvements : l'un
circulaire, et les deux autres suivant les coulisses perpendiculaires entre elles,
dont l'une appartient au bâti même. Ces trois mouvements sont commandés par
des vis et des engrenages que conduit un unique levier recevant d'une came
placée sur l'arbre A un mouvement alternatif. Une tige, à peu près verticale,
liée à ce levier transmet, par l'intermédiaire d'un cliquet, un mouvement inter-
mittent, à droite ou à gauche, à un arbre horizontal inférieur et sur lequel sont
pris, par engrenages, les trois mouvements du plateau.

## MACHINES A FRAISER VERTICALE ET HORIZONTALE (Fig. 53-54.)

### DE MM. BURTU ET HAUTIN, A PARIS

Les soins apportés à l'étude et à la construction de ces machines, par ces
habiles constructeurs, les rendent éminemment propres aux travaux de précision, principalement pour les pièces qui se fabriquent en série.

Ces deux machines à fraiser, de dimensions moyennes, sont faites pour
recevoir des fraises de 80 à 90 millimètres de diamètre. Les courses du chariot
porte-pièce sont : 700 millimètres dans le sens longitudinal, 100 millimètres dans
le sens transversal, 280 millimètres dans le sens vertical.

La poupée porte-fraise A de la machine verticale peut en outre jouir d'une
course verticale de 100 millimètres.

La poupée A de la machine horizontale porte un cône à 5 vitesses. Son mouvement automatique d'avancement, conduit par les petits cônes $a$, $b$, possède
15 vitesses différentes, ce qui permet de le régler suivant les diamètres des
fraises et la nature du métal à travailler.

Les socles d'appui de ces fraiseuses, sur le sol, offrent une grande surface,
ce qui permet de les placer sur un plancher ordinaire sans nécessiter des fonda-
tions. Les bâtis, en fonte creuse, sont divisés en deux par des cloisons qui servent à ranger les outils et à les renfermer au besoin. Les engrenages, susceptibles
d'occasionner des accidents, sont cachés par des enveloppes démontables.

Les trois mouvements des tables B de ces machines, *montée et descente, avant et arrière, droite à gauche*, portent un réglage à butoirs gradués, de sorte qu'il est facile de régler les machines suivant les pièces à produire en série.

Le mouvement d'avancement automatique des tables B est reversible, c'est-à-dire, qu'une passe étant arrivée à sa fin, on recommence de suite la passe inverse par la simple rotation d'un bouton moleté, qui porte une aiguille indicatrice du sens de translation ; il n'y a pas de temps perdu, pas de clef à chercher, la main suffit.

Fig. 53.                          Fig. 54.

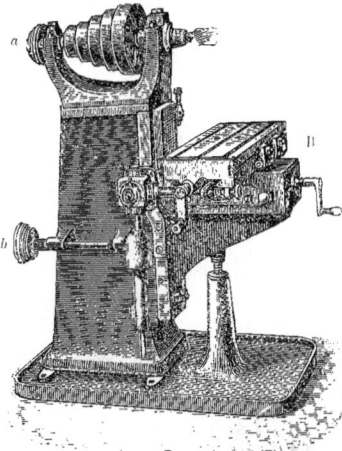
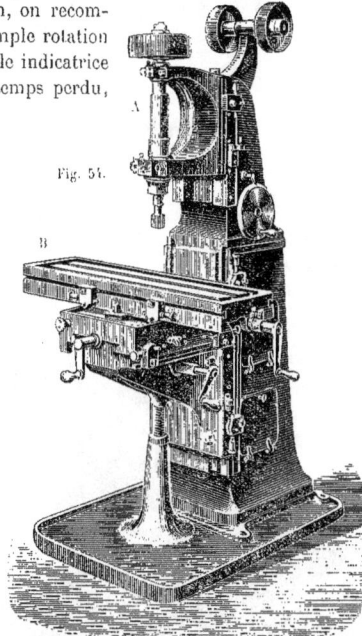

Pour la production de pièces en série, le même ouvrier pouvant conduire plusieurs machines, il est nécessaire que le mouvement de translation automatique s'arrête au point désiré ; cet arrêt a lieu par un déclic instantané qui se règle sans peine et fonctionne pour les deux sens du mouvement. On peut donc conduire les deux machines, verticale et horizontale, y répéter indéfiniment des pièces de série, sans crainte d'en rater faute d'attention et sans dérégler le fonctionnement de la fraise ; si pourtant, à la longue, l'usure même de l'outil venait à donner quelque différence des pièces avec la pièce type, les palmers permettent de suite de corriger le défaut et de revenir au point voulu ; c'est là le seul travail qui reste à l'ouvrier, on comprend qu'il n'aura aucune peine à le bien faire.

L'arbre porte-fraise étant la pièce principale d'une fraiseuse et celle qui, constamment en travail, est la plus susceptible d'usure, ces arbres sont en acier, trempés et rectifiés ; ils ne présentent aucun clavetage pouvant les voiler et c'est par cône et serrage à écrous que sont fixées les poulies étagées. De plus, les coussinets des poupées sont d'un genre spécial à réglage facile, de sorte que le jeu de l'arbre se rattrape sans dérégler la machine.

## MACHINES A FRAISER MOYENNES (fig. 55-56).

### DE MM. DANDOY-MAILLARD, LUCQ ET Cⁱᵉ, A MAUBEUGE

Ces machines se rapprochent des précédentes comme dispositions d'ensemble. Mais, comme elles peuvent recevoir des fraises plus fortes, l'arbre porte-fraise peut être commandé, soit directement, soit par engrenages ralentisseurs.

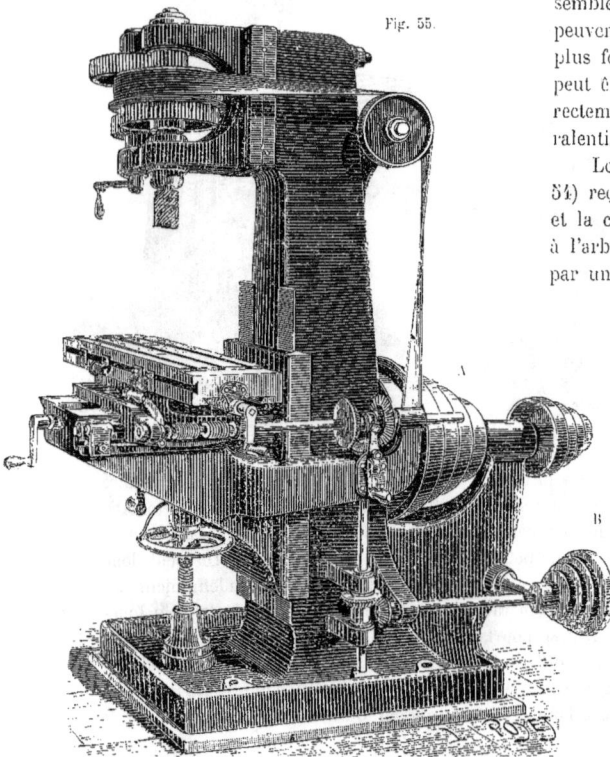

Le cône horizontal **A** (fig. 54) reçoit la courroie motrice et la commande est transmise à l'arbre vertical de la fraise par une courroie spéciale passant sur deux galets de renvoi.

La commande automatique aux plateaux à coulisse se fait par l'intermédiaire des deux petits cônes B. On voit en avant du bâti l'embrayage qui permet de changer le sens du mouvement des plateaux. Ces plateaux sont munis de butées qui en limitent la course, suivant les besoins du travail.

La machine horizontale (fig. 56) comporte tous les organes de la précédente et son fonctionnement est identique.

Fig. 55.

Mais, ici, on peut travailler avec une ou plusieurs fraises montées sur un axe spécial et plus ou moins éloignées du nez de l'arbre moteur ; pour cela, il a suffi d'établir une contre-pointe C, créant un point d'appui à une extrémité de l'axe des fraises, tandis que l'autre extrémité est solidaire de l'arbre moteur.

Fig. 76.

Cette contre-pointe C est portée par un petit levier à douille fendue par le haut, pouvant glisser sur un bras fixé aux deux têtes de la poupée, ce petit levier est fixé dans la position voulue en serrant le boulon supérieur qui serre la douille fendue.

| | Machine Verticale. | Horizontale. |
|---|---|---|
| Course longitudinale du plateau . . . . . . . . . | 0,800 | 0,800 |
| — transversale — . . . . . . . . | 0,300 | 0,380 |
| Poids approximatif. . . . . . . . . . . . . . | 1,900 kg | 1,600 kg. |

# MACHINE A FRAISER DOUBLE (fig. 57)

### DE M. HURÉ, A PARIS

La tête, ou poupée supérieure, porte les deux arbres A et B des fraises situés dans deux plans perpendiculaires l'un à l'autre. Cette poupée double est fixée par quatre boulons au socle de la machine; en lui faisant faire un quart de tour, on amène au-dessus des plateaux l'une ou l'autre des fraises. Ce déplacement, ainsi que celui des courroies de commande, peut se faire en une minute; il se fait avec précision au moyen d'un goujon de repère, après quoi, on serre les quatre boulons de fixation, dont les têtes carrées glissent dans une rainure circulaire au sommet de la colonne.

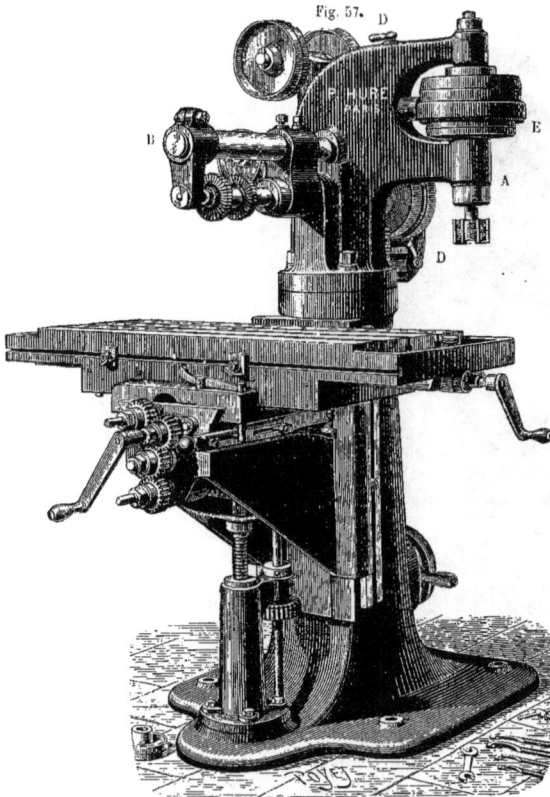

Fig. 57.

Ces arbres A, B, sont commandés par une poulie C, directement pour les grandes vitesses, ou indirectement au moyen d'engrenages intérieurs à satellites, pour ralentir la vitesse.

L'embrayage et le débrayage de ces engrenages intérieurs se fait au moyen d'une manette D pour l'arbre A, ou D' pour l'arbre B.

La commande des plateaux se fait par la poulie E sur A ou sa similaire E' sur B, que conduit la poulie F. Cette commande des plateaux comporte trois mouvements dans trois directions perpendiculaires entre elles, dont deux horizontales et une verticale. Ces trois mouvements partent d'un arbre vertical central, ce qui laisse libre les abords de la machine; ces mouvements se font aussi à la main.

Les arbres sont percés et en acier, trempés et rectifiés, avec bagues coniques. Courses : longitudinale, 1 mètre; transversale, 0<sup>m</sup>,25 ; verticale, 0<sup>m</sup>,35.

# MACHINE A FRAISER, A PERCER ET ALÉSER (fig. 58)

## DE M. HURÉ, A PARIS

Cette machine se compose d'un banc à glissières, portant à gauche une console à glissières verticales; au centre, un plateau analogue à celui des machines à mortaiser; enfin, à droite, un support de barre d'alésage.

La console de gauche porte une poupée mobile dont l'arbre est lié à la barre d'alésage, ou armé d'un outil, mèche ou fraise.

On conçoit de suite qu'une pièce montée sur le plateau central, susceptible de trois déplacements, pourra subir un ou plusieurs alésages, être percée en divers points, ou enfin être dressée sur plusieurs faces perpendiculaires, obliques ou parallèles à l'axe de l'alésage.

Le cône moteur, placé à la partie supérieure, laisse le libre accès de la machine. On lit facilement la disposition des engrenages qui commandent l'arbre porte-outil. La petite courroie qui réunit les deux petits cônes de gauche conduit à volonté tous les mouvements automatiques :

1° Le déplacement vertical de la poupée porte-outil pour le travail à la fraise, au moyen de la vis placée dans la console ;

2° Le déplacement le long du banc du chariot portant la pièce, principalement pour le cas d'un alésage, au moyen d'une vis intérieure au banc;

3° Le mouvement transversal et celui de rotation du plateau central, au moyen de l'arbre que l'on voit en avant du banc.

Tous ces mouvements peuvent être arrêtés subitement ou changer de sens au moyen d'un levier à main placé près du cône inférieur. Enfin, pour tous ces mouvements, on obtient la vitesse voulue au moyen de roues de rechange.

Par l'ensemble de ces excellentes dispositions, ces machines peuvent rendre de très grands services dans les ateliers.

## PUISSANCE DES MACHINES-OUTILS

La puissance en chevaux absorbée par les machines-outils en travail, peut s'évaluer approximativement comme suit :

| Machines. | Petites. | Moyennes. | Grandes. |
|---|---|---|---|
| A percer ou à fraiser . . . . . . . . . | 0.1 à 0.3 | 0.3 à 0.5 | 0.5 à 1 ch¹. |
| A raboter ou mortaiser. . . . . . . . | 0.2 à 0.4 | 0.6 à 1 | 1 à 2 ch¹. |
| Tours parallèles, en l'air. . . . . . . | 0.4 à 0.6 | 0.6 à 1 | 1 à 3 — |
| Cisailles, poinçonneuses et meules. . . . | 0.3 à 0.8 | 1 à 3 | 3 à 6 — |

Le travail des machines-outils à vide est environ 0,66, soit les 2/3 des travaux précédents.

Fig. 58.

### DIMENSIONS PRINCIPALES

| N°s | 1 | 2 | 3 | 4 |
|---|---|---|---|---|
| Course verticale . . . | 0.55 | 0.75 | 1 » | 1.20 |
| Course horizontale. . | 0.75 | 1 » | 1.05 | 2 » |
| Course transversale . | 0.65 | 0.08 | 1 » | 1.25 |
| Diamètre du plateau . | 0.60 | 0.08 | 1 » | 1.35 |
| Poids approximatif . . | 1.800$^k$ | 4.000$^k$ | 8.000$^k$ | 12.000$^k$ |

MACHINE A FRAISER, A PERCER ET ALÉSER, PAR M. HURÉ

## CHAPITRE VIII

# ORGANES ÉLÉMENTAIRES

## RIVETS ET RIVURE (1) (Pl. X)

**Perçage des tôles.** — La rivure ou cloure, c'est la jonction de deux ou plusieurs tôles faite au moyen du *rivet*.

La première opération, après qu'on a tracé sur les tôles les lignes de trous, consiste donc à percer ces tôles. Ce perçage se fait le plus souvent, pour les tôles de fer, au poinçon (fig. 59).

Le *poinçon* a toujours un diamètre d un peu plus faible que celui D de la *matrice*, par où passe la débouchure. On fait, suivant l'épaisseur des tôles : $D = d + 1$ à 4 millimètres.

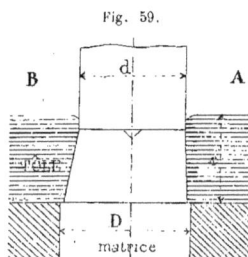

Fig. 59.

Le poinçonnage, en comprimant les molécules du métal sur toute la surface intérieure du trou (fig. A), produit un écrouissage qui rend le métal cassant. Si veut restituer à la tôle son homogénéité, il faut la recuire ou aléser le trou de 2 millimètres pour les tôles de 10, de 4 millimètres pour les tôles de 20 millimètres d'épaisseur.

On atténue un peu l'écrouissage en augmentant le diamètre D de la matrice; la tôle est alors percée en cône (fig. B).

Cet écrouissage est d'autant plus sensible, toutes choses égales, que le métal est plus dur; aussi les tôles d'acier doivent toujours être percées à la mèche.

**Rapport d : e.** — On sait que la résistance au cisaillement transversal est 0,8 de la résistance à la traction. Pour une tôle résistant à 30 k., on a donc pour le cisaillement : $R = 0,8 \times 30 = 24$ k. Admettons aussi que la résistance à l'écrasement du poinçon en acier soit $R' = 90$ k. En égalant les résistances, on a :

$$\pi\, d\, e \times 24 = \frac{\pi d^2}{4} \times 90, \quad \text{d'où}\quad \frac{d}{e} = 4\,\frac{24}{90} = 1{,}06.$$

On admet, en effet, dans les ateliers, que le diamètre d du poinçon peut être au minimum égal à l'épaisseur e de la tôle.

---

(1) Nous résumons ici l'étude plus détaillée que nous avons faite dans notre *Manuel des Constructions métalliques et mécaniques.*

**Rivet.** — Le rivet est une tige ronde en cuivre, fer ou acier, portant une tête; on le fait en fer fort ou supérieur pour les charpentes et ponts, et en fer fin pour les générateurs. Le rivet en acier ne s'emploie qu'à la machine.

La tête du rivet se fait à la machine. Les bouts de fer chauffés au four (fig. 1, pl. X), sont placés dans la matrice (fig. 2), retenus par une tige inférieure dite *bonhomme*; la bouterolle vient alors former la tête. En relevant le bonhomme, on chasse le rivet et ainsi de suite.

**Rivure.** — Excepté pour les petits rivets de 3 à 4 millimètres et quelques rivures en cuivre, la rivure ou seconde tête se fait toujours à chaud. Le rivet, dont le diamètre est un peu plus faible que le trou des tôles, est chauffé au rouge, à la forge ou au four (fig. 1); puis on le place dans le trou des tôles et on l'y maintient avec la tête de turc (fig. 3), une masse, ou un levier. Aussitôt l'ouvrier écrase le bout du rivet au marteau et finit la tête avec la bouterolle, à l'aide d'un ou deux frappeurs.

La forme des rivures varie comme figure 60. La rivure conique A est celle entièrement faite au marteau et à la main.

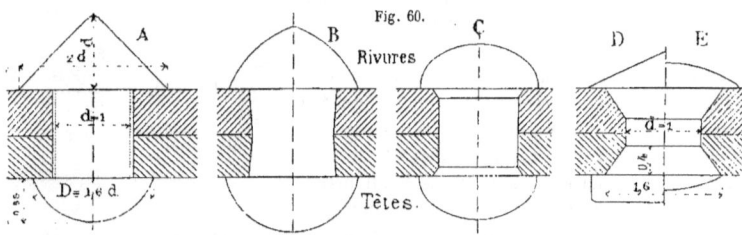

Fig. 60.

Rivures

Têtes.

Quand les tôles sont poinçonnées en cône (B), il faut s'arranger pour que, en superposant les tôles, les cônes soient opposés par le sommet comme l'indique la figure B. Les petites fraisures (fig. C) renforcent sensiblement la rivure.

Les rivets fraisés (fig. D, E), sont avec ou sans tête ou calotte saillante.

Le rivetage à la main est limité aux rivets de 25 millimètres environ.

Une équipe de riveurs peut placer à l'heure . . . . . . . . . } 40 à 45 rivets de 15.  
20 à 25 — de 25.

Avec les machines, ce nombre peut être triplé.

**Défauts des rivures** (fig. 61). — 1° Il faut toujours qu'un rivet soit assez long pour qu'il reste autour de la bouterolle B, et fig. 4 pl. X, un bourrelet que l'on enlève, soit en inclinant la bouterolle à main soit au burin. Pour cela, il faut que la flèche de la bouterolle soit plus faible que celle de la rivure, sinon la bouterolle viendrait blesser la tôle (A, fig. 59), et la rivure serait incomplètement formée. Cela arrive encore si le rivet est trop froid (C).

2° Si le rivet n'est pas écrasé suivant son axe, la rivure est excentrée;

3° Si les trous des tôles ne s'accordent pas (A), on les rectifie un peu en enfonçant à coups de marteau une broche conique, mais le rivet à employer devra être plus petit que le trou; il faut alors qu'il soit assez long pour que, malgré son refoulement dans le trou, la rivure soit bien formée. Ce remplissage du trou est plus parfait avec la machine.

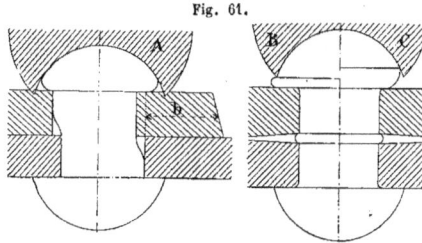

Fig. 61.

Le brochage doit être interdit sur les tôles d'acier, et, si on alèse le trou, i faut avoir soin de ne pas affamer la pince b;

4° Si les tôles ne sont pas en contact, le rivet refoulé peut former un bourrelet intérieur (B-C); le rivet travaille alors par flexion et non par cisaillement, et le joint ne peut plus être rendu étanche.

**Dispositions des rivures.** — La rivure réunit deux tôles superposées (fig. 4. Pl. X), ou deux tôles bout à bout avec couvre-joint simple (fig. 5),ou double (fig. 6). Les fig. 8, 9, 10 font voir quelques exemples de rivures de tôles sur cornières. La fig. 11 est une poutre formée par la rivure de fers plats et de cornières.

Toutes ces rivures sont à un ou plusieurs rangs de rivets disposés :
1° En chaîne ou en quinconce (fig. 62);

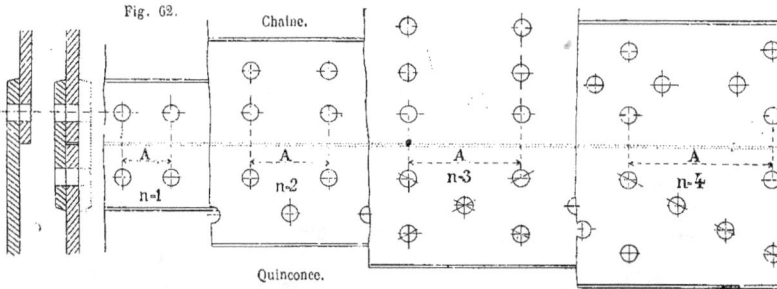

Fig. 62. Chaîne. Quinconce.

2° Par groupes (fig. 63), surtout pour les pièces formant tirant.

Les figures 7 et 12, planche X, font voir des applications de ce groupement.

La section résistante des barres de largeur $l$ suivant les lignes de rivets $ab$, $cd$, $ef$, est successivement $l - d$, $l - 2d$, $l - 3d$.

La résistance réc'le ou relative est donc sensiblement constante en ces trois sections puisque à chacune il faut ajouter la résistance des rivets placés en avant.

Fig. 63.

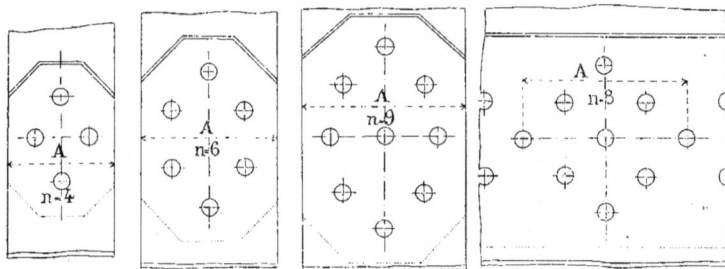

**Calcul de résistance et proportions des rivures.** — La rupture d'une rivure peut avoir lieu (fig. 64) :

1º Par cisaillement des rivets ;

2º Par rupture de la tôle ;

3º Par écrasement de la tôle sous le rivet.

Le cisaillement des sections $aa'$, $cc'$, considéré par certains auteurs, ne s'est jamais produit aux essais, du moins à notre connaissance.

D'après ce qui précède et les essais que nous avons rapportés ailleurs (1), on peut admettre même résistance à la rupture pour la tôle de fer entre les rivets et pour le cisaillement des rivets en fer.

Ces résistances R′ sont en moyenne 0,75 de celles R du métal, tôle ou rivet, avant leur emploi.

Soit   R′ = 0,75 R, égale à 28 kilog. en moyenne.

R$_t$  la résistance de la tôle à l'écrasement = 65 à 70 kilog.

A  le pas de la rivure, ou distance de deux groupes.

$n$  le nombre des rivets compris dans le pas A.

$d$  le diamètre du trou rempli par le rivet.

$e$  l'épaisseur des tôles.

*Adhérence. — Cisaillement.* — Certains auteurs insistent pour que l'on ne considère, dans la résistance du rivet, que l'adhérence qu'il produit entre les tôles, parce que, disent-ils, le rivet ne remplit pas exactement le trou des tôles. Cela est vrai quand le rivet réunit plusieurs tôles, comme dans les plates-bandes des poutres de ponts, mais alors ces tôles ne sont pas soumises à des tractions opposées. Il faut que le rivetage de deux tôles soit bien mal fait pour que le rivet ne remplisse pas le trou, et il le remplit quand le rivetage est fait à la machine.

─────────

(1) Voir notre *Manuel des constructions métalliques et mécaniques*.

L'adhérence produite par un rivet est ordinairement de 10 à 15 k. par millimètre de section de ce rivet. Or, si on considère cette adhérence, il est logique de considérer aussi la limite d'élasticité de la tôle, qui est de 14 à 15 k.

On a donc alors : Résistance au glissement = limite d'élasticité de la tôle.

La considération de l'adhérence n'admet qu'une section utile du rivet, tandis que celle du cisaillement en admet plusieurs, et l'expérience a prouvé que, avec un double couvre-joint, la résistance du rivet est bien double de ce qu'elle est avec le simple cisaillement. Ceci dit, nous admettons que la résistance d'un groupe de rivets est égale à la somme des résistances de chacun d'eux.

La meilleure condition est évidemment celle de l'égalité de résistance entre les diverses parties de la clouure.

1° En égalant la résistance de la tôle à celle des $n$ rivets, on a :

$$R'(A - d)e = R' \frac{\pi}{4} d^2 n. \quad (a)$$

D'où : $n = \dfrac{(A - d)e}{0{,}785\, d^2}, \quad (b)$

et $\dfrac{A}{d} = 0{,}785\, n \dfrac{d}{e} + 1. \quad (c)$

Pour le cisaillement double, multiplions par 2 le second membre de $(a)$.

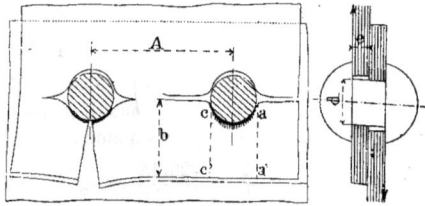
Fig. 64.

D'où :

$$n = \frac{A - d)e}{1{,}57\, d^2}, \qquad (b')$$

$$\frac{A}{d} = 1{.}57\, n \frac{d}{e} + 1. \qquad (c')$$

Le rapport $d : e$ varie de 1 à 3.
$\begin{cases} d = e \text{ pour les tôles fortes,} \\ d = 2\, e \quad - \quad \text{moyennes,} \\ d = 3\, e \quad - \quad \text{minces.} \end{cases}$

*Résistances relatives* C C'. — Ce sont les rapports de la résistance de la tôle entre deux trous de rivets et celle des rivets, à celle de la tôle pleine.

R étant, comme ci-dessus, le coefficient de résistance de la tôle pleine et R' celui de la tôle ou des rivets après la rivure, on a :

$$C = \frac{R'(A - d)e}{R A e} \qquad \text{et} \qquad C' = \frac{R'\, 0{,}785\, d^2 n}{R A e}.$$

$R' = 0{,}75\, R$ en moyenne. Si les trous sont percés à la mèche, $R' = R$ et alors :

$$C = \frac{A - d}{e} \quad \text{et} \quad C' = 0{,}785\, \frac{d^2 n}{A e} = \frac{n s}{A e},$$

$s$ étant la section d'un rivet.

2° En égalant la résistance au cisaillement d'un rivet à celle de la tôle sous ce rivet à l'écrasement, on a pour le cisaillement simple :

$$R' \frac{\pi d^2}{4} = R_1 d e,$$

d'où :
$$R_1 = R' \times 0,785 \frac{d}{e},$$

$$\frac{d}{e} = \frac{R_1}{0,785 R'} = \frac{65}{0,785 \times 28} = 3 \text{ environ.}$$

Ainsi, avec $R' = 28$ et $R_1 = 65$ la limite du diamètre du rivet est $d = 3e$. Les relations simples qui précèdent suffisent pour tous les cas.

*Exemples :* — 1° Pour une rivure simple $n = 1$ et un rapport $d : e = 2$ ou $d = 2e$, quel sera le pas de la rivure? la relation (c) donne :

$$A = (0,785 \times 2 + 1) d = 2,57 d.$$

Pour la rivure double, la relation (c') donne :

$$A = (1,57 \times 2 + 1) d = 4,14 d.$$

2° Une bande de tôle devant former tirant, a une largeur $A = 200$, $d = 20$ et $e = 15$. Quel nombre de rivets faut-il grouper, les rivets travaillant à simple cisaillement? La relation (b) nous donne :

$$n = \frac{(200 - 20) 15}{0,785 \times 400} = \frac{2700}{314} = 9 \text{ rivets environ.}$$

Nous adopterons donc ici le troisième groupement de la fig. 63, ou fig. 7, pl. X.

**Rivures d'assemblage.** — Les tôles rivées ne travaillent pas toujours à la traction; ainsi dans les tables des grandes poutres (fig. 12, pl. X), les rivets réunissant les tôles n'ont à résister qu'au glissement des tôles les unes sur les autres, résultant de la flexion (1), la distance A, ou le pas, peut alors atteindre 5 à 10 fois $d$. Mais dans la table supérieure, qui est comprimée, le pas doit être tel que la tôle supérieure comprimée ne se gondole pas entre deux rivets.

Les deux tableaux suivants contiennent quelques données pratiques.

RIVURES D'ASSEMBLAGE POUR DEUX TOLES

| Epaisseur des tôles. | 1 | 2 | 3 | 4 | 5 | 6 | 7 | 8 | 9 | 10 | 11 | 12 | 13 | 14 | 15 | 16 | 17 | 18 | 19 | 20 | 21 | 22 |
|---|---|---|---|---|---|---|---|---|---|---|---|---|---|---|---|---|---|---|---|---|---|---|
| Diam. des rivets . . . . | 4 | 6 | 8 | 10 | 12 | 14 | 14 | 16 | 18 | 20 | | | 22 | | | | 25 | | | 26 | | |
| Pas-A . . . . . . . . | 20 | 25 | 35 | 45 | 50 | 60 | 80 | 90 | 100 | 100 | 100 | 120 | 130 | 140 | 150 | 160 | 170 | 180 | 190 | 200 | 210 | 220 |
| Recouvrement. . . . . | 25 | 30 | 35 | 40 | 45 | 50 | 50 | 55 | 60 | 65 | | | 70 | | | | 75 | | | 80 | | |

(1) Voir notre *Manuel des constructions métalliques et mécaniques.*

RIVURES D'ASSEMBLAGE DE GROSSE CONSTRUCTION, PLUSIEURS TOLES ET CORNIÈRES

| Épaisseur à river sur ou sans cornières. | 3 6 | 6-10 | 10-12 | 12-14 | 14-16 | 16-20 | 20-25 | 25-35 | 35-50 | 50-70 | 7 0-100 |
|---|---|---|---|---|---|---|---|---|---|---|---|
| Diamètre du rivet . . . . . | 6 | 8 | 10 | 12 | 14 | 16 | 18 | 20 | 22 | 24 | 26 |
| Diamètre du poinçon. . . . | 6-5 | 9 | 11 | 135 | 15-75 | 18 | 20 | 22 | 24-5 | 28 | 30 |
| D'axe en axe des trous. . . | 30 | 50-60 | 60-70 | 70-80 | 80-90 | 90-100 | 90-100 | 100-120 | 100-120 | 120-140 | 120-140 |
| Cornière à employer  *a.* | 30 | 35 | 40 | 45 | 50 | 60-65 | 70-75 | 80-85 | 90 | 100 | 100 |
| *b.* | 4-5 | 5 à 6 | 5 à 7 | 6-8 | 6-8 | 6-10 | 9-13 | 9-14 | 10-16 | 18 | 18 |
| *c.* | 16 | 19 | 22 | 25 | 28 | 33-35 | 38-40 | 45-48 | 50 | 58 | 58 |

**Rivures étanches des générateurs** (Pl. XI). — Ces rivures devant être étanches, il faut matter le joint. A cet effet, si la tôle n'a pas été chanfreinée avant le cintrage, on fait ce chanfrein au burin sous un angle de 70 degrés environ (fig. 1), puis on matte le champ de la tôle de façon à l'appliquer fortement sur la tôle inférieure. Ce mattage se fait avec un mattoir lisse, ou bien : 1° avec un mattoir taillé en boucharde (fig. 2), et 2° avec le mattoir lisse ; mais il faut avoir soin de ne pas blesser la tôle inférieure avec l'angle du mattoir, comme c'est indiqué figure 1.

On emploiera avec beaucoup d'avantages le mattoir rond (fig. 3) employé depuis longtemps, mais qui devrait l'être exclusivement.

Pour que le mattage soit efficace, le pas désigné par *a* (fig. 8) ne doit pas excéder *a* = 3 à 4 *d*, afin que la tôle ne se gonfle pas entre deux rivets.

Le tableau (pl. XI) donne les proportions des rivures simples et doubles pour générateurs ou réservoirs, suivies dans nos principaux ateliers.

Le tableau ci-après donne les proportions adoptées par *l'Union des Associations allemandes pour la surveillance des chaudières à vapeur.* Pour la rivure simple, l'égalité de résistance a lieu pour tôle de 9 millimètres, il faut donc employer la rivure double pour les épaisseurs plus fortes, et employer la rivure triple pour les épaisseurs supérieures à 16.

**Dispositions.** — Les fig. 4 et 5 donnent une idée des formes générales des générateurs ; la fig. 9 fait voir le joint des tôles *a b* d'une virole réunies par une clouure longitudinale double et rivées sur la tôle *c* de la virole suivante.

La fig. 10 est la jonction de 4 tôles ; *a, b* d'une virole ; *c, d* de l'autre.

La fig. 11 donne les proportions des calottes sphériques.

La fig. 13 donne deux modes de jonction de tôles parallèles : 1° l'une des tôles est doublement contournée en doucine et se rive sur la tôle extérieure ; 2° on interpose entre les tôles un cadre en fer sur lequel les deux tôles sont rivées et mattées. Cette même figure indique le mode d'entretoisement des tôles : 1° Par une rondelle dans laquelle passe le rivet; 2° au moyen de tiges vissées d'abord dans les deux tôles puis rivées à chaque bout. Ces rivets se font en cuivre rouge et sont percés; il en résulte que si un rivet est rompu on en est prévenu par une petite fuite. Le taraudage des deux tôles doit se faire avec un même taraud pour que le filet se suive d'une tôle à l'autre.

PROPORTIONS DES RIVURES DE GÉNÉRATEURS

| ÉPAISSEUR DES TOLES | DIAMÈTRE DES TROUS | RIVURE SIMPLE | | | RIVURE DOUBLE | | | ÉPAISSEUR DES TOLES | DIAMÈTRE DES TROUS | RIVURE SIMPLE | | | RIVURE DOUBLE | | |
|---|---|---|---|---|---|---|---|---|---|---|---|---|---|---|---|
| | | Pas | Résistance relative. | | Pas | Résistance relative. | | | | Pas | Résistance relative. | | Pas | Résistance relative. | |
| | | | Tôle. | Rivet. | | Tôle. | Rivet. | | | | Tôle. | Rivet. | | Tôle. | Rivet. |
| $c$ | $d$ | A | | | A | | | $c$ | $d$ | A | | | A | | |
| 7 | 14 | 35 | 60 | 63 | 48 | 70 | 91 | 16 | 23 | 53 | 57 | 49 | 74 | » | 70 |
| 8 | 15 | 37 | 59 | 62 | 51 | 70 | 88 | 18 | 25 | 57 | 56 | 48 | 80 | 69 | 69 |
| 9 | 17 | 41 | 59 | 60 | 57 | 70 | 87 | 20 | 26 | 59 | » | 45 | 82 | 69 | 64 |
| 10 | 18 | 44 | » | 58 | 60 | » | 84 | 22 | 27 | 61 | » | 43 | 85 | » | 61 |
| 11 | 19 | 46 | » | 56 | 63 | » | 82 | 24 | 28 | 63 | » | 41 | 88 | » | 58 |
| 12 | 20 | 48 | 58 | 55 | 66 | » | 79 | 26 | 29 | 64 | 55 | 39 | 90 | » | 57 |
| 13 | 21 | 50 | » | 53 | 69 | » | 77 | 28 | 29 | 64 | » | 37 | » | » | 53 |
| 14 | 22 | 52 | » | 52 | 71 | » | 76 | 30 | 30 | 66 | » | 36 | 93 | » | 50 |

**Pose des tubes.** — Nous avons indiqué (fig. 6, pl. XI et fig. 65) l'appareil Dudgeon formé de trois galets qui s'éloignent en enfonçant la broche centrale.

Fig. 65.

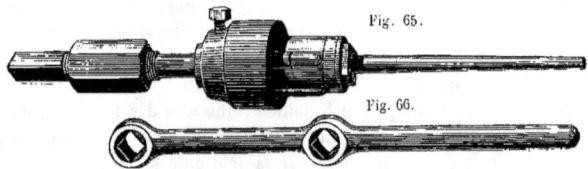

Fig. 66.

On effectue ainsi en tournant avec le tourne-à-gauche (fig. 66) le serrage des tubes contre les plaques tubulaires. Ce système est préférable à l'emploi des bagues en acier que nous avons tracé (même fig. 6); aussi il est aujourd'hui exclusivement employé dans la fabrication des chaudières tubulaires qui se répandent de plus en plus.

# MACHINE A POINÇONNER ET CISAILLER LES TOLES

### (D. M. L. et Cⁱᵉ. — Fig. 67).

Cette machine appartient à l'outillage de l'atelier de tôlerie.

L'arbre du volant, placé à la partie supérieure, porte une poulie folle et fixe, plus un pignon qui commande un arbre intermédiaire, et celui-ci conduit la grande roue du milieu à dents en chevrons. L'axe de cette grande roue porte à chacune de ses extrémités un excentrique, conduisant une coulisse, dont l'une est armée d'une lame oblique, l'autre portant le poinçon. Un bloc que l'on engage ou retire à la main sous chaque excentrique, permet de mettre en action les outils ou de les rendre immobiles.

Fig. 67.

# RIVEUSES HYDRAULIQUES (Pl. XII)

De toutes les machines à river, ce sont les plus avantageuses; leur puissance rend la rivure beaucoup plus parfaite qu'à la main, et elles suppriment le bruit assourdissant du marteau.

La figure 1 est la riveuse de Tweddel : en manœuvrant la poignée *a*, on donne accès à l'eau *b*, qui serre les pinces *e* et *f*, armées de bouterolles, ou bien on fait évacuer l'eau en *c*, et les pinces *e* et *f* s'ouvrent pour un nouveau rivet.

Cette machine peut être fixe ou être suspendue à une grue (fig. 2) et munie de tuyaux flexibles, ce qui lui permet de prendre toutes les positions ; en outre, son mode de suspension lui permet de prendre la position verticale (fig. 2), ou horizontale (fig. 3) et toutes les positions intermédiaires.

Ces riveuses fonctionnent toujours sous l'action d'un accumulateur de petite section, qui par sa chute rapide crée, en vertu de son inertie, une pression croissante, précisément à la fin de l'opération, alors que le rivet écrasé présente une résistance croissante.

La figure 4 représente la machine fixe, de M. Husson (1). Le piston $a$, conduit par une vis et un volant à friction, est à course variable, réglable par les buttoirs $c$ $d$. L'eau qu'il comprime pousse le piston $b$, d'un diamètre plus grand que $a$, et armé de la bouterolle. L'inertie du volant joue ici le même rôle que l'accumulateur précédent.

## VIS ET BOULONS (Pl. XIII)

**Vis à bois.** — Ces vis se font à tête carrée, ou à chapeau ; ce sont les tire-fonds. Elles se font aussi à tête conique ou sphérique ; ces deux dernières têtes portent une fente pour être manœuvrées à l'aide d'un *tournevis*. Le filet, très pointu, contourne un noyau conique.

Fig. 69.        Fig. 68.

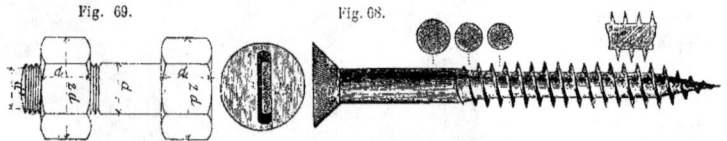

Ces vis se font exclusivement en quincaillerie. La figure 68 représente une forme de vis très rationnelle, faite en une seule opération par laminage, au moyen d'une machine fort ingénieuse, exposée à Paris en 1889 par la Compagnie Américaine de vis de Providence.

**Vis à métaux. Boulons.** — Le boulon (fig. 69) destiné à serrer deux pièces l'une contre l'autre, est formé d'une tige portant une tête et vissée de l'autre bout pour recevoir un écrou. Quand la tige à tête est vissée directement dans la pièce, sans écrou, on l'appelle une vis. Nous donnons, pl. XIII, les formes et proportions des têtes, écrous et rondelles. Les têtes rondes sont munies d'un ergot forgé ou rapporté, pour empêcher le boulon de tourner quand on serre l'écrou.

L'écrou haut s'emploie là où il doit être souvent manœuvré ; l'écrou moyen est le plus usité ; l'écrou bas ne sert que comme contre-écrou pour empêcher le desserrage de l'écrou de serrage. L'écrou rond à encoches est toujours encastré.

_____

(1) *Bulletin de la Société des Anciens Élèves des écoles d'Arts et Métiers* (Année 1887).

L'écrou borgne, en bronze, s'emploie pour empêcher le contact du fer du boulon avec des liquides corrosifs.

**Filets de vis.** — Le filet de vis, dans les boulons ordinaires, est de forme triangulaire. On conçoit facilement tout l'intérêt qu'il y aurait à l'adoption, par tous les constructeurs, d'un même système de filets, l'entretien et la réparation des machines se ferait en tous lieux plus rapidement et plus économiquement. Malheureusement, nous avons en France autant de séries que de constructeurs et d'administrations. Seuls les chemins de fer ont adopté la série de la maison Cail.

**Système Whitworth.** — Les constructeurs Anglais ont tous adopté, vers 1857, la série proposée par Whitworth, célèbre constructeur de machines-outils de Manchester; cette série s'est répandue dans le Nord de la France.

Mais ce qui en empêche l'adoption en France et en Allemagne, c'est qu'elle ne concorde pas avec le système métrique. Dans ce système Whitworth, le filet est engendré (pl. XIII) par un triangle dont l'angle au sommet est de 55°, il en résulte que sa hauteur $h = 0.96$ du pas, le pas étant la base du triangle. De plus, l'angle aigu du sommet et du fond du filet est coupé sur 1/6 de la hauteur $h$ et les faces du triangle sont raccordées par un même arrondi; la saillie réelle du filet est donc 2/3 de $h = 0.633$ du pas.

Le tableau ci-après donne cette série, en pouces anglais et en millimètres, que nous limitons au diamètre de 50 $^{m/m}$ quoique elle soit plus étendue.

**Système Sellers.** — Le système de filets proposé par Sellers, célèbre constructeur de machines-outils de Philadelphie, n'est employé qu'aux États-Unis.

Les faces du triangle générateur (pl. XIII) sont à 60°, le triangle est donc équilatéral, $h = 0.866$ du pas $p$., mais les angles sont abattus sur 1/8 de la hauteur $h$ suivant une ligne droite; en définitive, la section du filet est un trapèze dont la hauteur est 3/4 de $h = 0.65$ du pas. Sellers a adopté la série des pas de Whitworth à laquelle il a ajouté le diamètre de 9/16 de pouce ou 14 $^{m/m}$ 3.

SÉRIE DE FILETS DE VIS DE WHITWORTH

| | | | | | | | Sellers. | | | |
|---|---|---|---|---|---|---|---|---|---|---|
| Diamètres. | pouces. . . | 1/4 | 5/16 | 3/8 | 7/16 | 1/2 | 9/16 | 5/8 | 3/4 | 7/8 |
| | millimètres. | 6,4 | 8 | 9,5 | 11,1 | 12,7 | 14,3 | 16 | 19 | 22,3 |
| Pas. . . . | pouces. . . | 1/20 | 1/18 | 1/16 | 1/14 | 1/13 | 1/12 | 1/11 | 1/10 | 1/9 |
| | millimètres. | 1,27 | 1,41 | 1,58 | 1,81 | 2,12 | 2,12 | 2,31 | 2,54 | 2,8 |
| Diamètres. | pouces. . . | 1 | 1 + 1/18 | 1 1/4 | 1 3/8 | 1 1/2 | 1 5/8 | 1 3/4 | 1 7/8 | 2 |
| | millimètres. | 25,4 | 28,6 | 31,8 | 35 | 38 | 41 | 44,5 | 47,6 | 50,8 |
| Pas. . . . | pouces. . . | 1/8 | 1/7 | 1/7 | 1/6 | 1/6 | 1/5 | 1/5 | 1/4,5 | 1/4,5 |
| | millimètres. | 3,17 | 3,63 | 3,63 | 4,22 | 4,22 | 5,03 | 5,58 | 5,64 | 5,64 |

On reproche à la série Whitworth d'avoir des pas trop forts pour les petits et les gros diamètres.

Nous ne rapporterons pas ici les diverses séries proposées car elles n'ont aucun intérêt du moment où elles ne sont pas assez employées.

**Série Cail ou des chemins de fer Français** (pl. XIII). — Dans ce système, la hauteur du triangle générateur est égale au pas, $h = p$; mais les angles aigus sont coupés de $1/20$ de $h$, enlevant ainsi le *friand*, et les faces du filet sont raccordées par de petits arrondis. La saillie du filet est donc 0,9 du pas. Voici cette série qui s'arrête au diamètre de 50 mill. Pour des diamètres supérieurs, on fait le pas égal à 0,1 du diamètre, mais on emploie plus habituellement le filet carré, dont nous donnons ci-dessous une série usitée dans les ateliers Cail.

SÉRIE A FILET TRIANGULAIRE. — CAIL. — CHEMINS DE FER

| Diamètres . | 8-10-12 | 15-18 | 20-23 | 25-28-30-32 | 35-88 | 40-45 | 50 |
|---|---|---|---|---|---|---|---|
| Pas . . . . | 1,5 | 2 | 2,5 | 3 | 3,5 | 4 | 4,5 |

SÉRIE A FILETS CARRÉS OU ARRONDIS

| Diamètres . | 25 | 30 | 35 | 40 | 45 | 50 | 55 | 60 | 65 | 70 | 75 | 80 | 85 | 90 | 95 | 100 |
|---|---|---|---|---|---|---|---|---|---|---|---|---|---|---|---|---|
| Pas . . . . | 4 | 4,5 | 5 | 5,5 | 6 | 7 | 8 | 9 | 10 | 11 | 12 | 13 | 14 | 15 | 16 | 17 |

Les filets carrés ou ronds ne présentent rien de particulier. Le filet trapézoïdal s'emploie pour les vis de presses ou les vis très chargées. La surface que les filets ronds et carrés présentent à la pression, étant plus petite que dans les précédents, puisque $h = 0,5$ au plus du pas, l'écrou sera plus haut; on lui donne habituellement une hauteur égale à douze ou quatorze fois le pas.

**Boulons divers, scellement, fondation** (pl. XIV). — Nous avons tracé sur cette planche quelques-unes des formes de boulons les plus usitées dans les machines : le boulon double, dont l'embase peut être ronde ou carrée; le goujon, simple ou avec embase à six pans (tracé en éléments), le trou borgne a au moins deux diamètres de profondeur, et la longueur du goujon dans le trou est au moins 1.5 $d$ dans le fer, et mieux 2 $d$ dans la fonte, dont les filets sont en général moins bien formés, la fonte étant cassante, le friand y est toujours plus grand; le boulon à tête noyée, ronde ou carrée; le boulon à œil, rond ou ovale; le boulon à crochet, avec écrou à oreilles, employé pour de petits appareils; le boulon à scellement, à corps rond, ou mieux, carré, avec crochets sur les angles; le trou est conique, et la matière employée pour remplir le vide est le ciment, le soufre fondu, ou mieux le plomb fondu. La profondeur du scellement dépend de la résistance du massif; dans la pierre dure, elle peut être 5 à 6 $d$, mais dans le béton il faut doubler ou tripler cette profondeur.

Le boulon de fondation des machines (fig. 1) est le plus souvent à clavette C, avec simple plaque A, ou mieux plaque à douille et nervures (fig. 2). L'écrou haut repose directement sur le bâti B, ou sur une rondelle c. Cette rondelle porte ici un rebord e pénétrant dans le trou du bâti, mais c'est là une construction coûteuse; on se contente le plus souvent de la rondelle simple.

La hauteur du massif M dépend de la machine, mais le vide existant autour du boulon ne doit jamais être rempli de ciment; le boulon doit rester libre pour pouvoir être démonté, en cas de rupture; il faut avoir $a > f$.

Le tableau des dimensions que nous donnons suffira dans la plupart des cas.

**Freins ou moyens pour empêcher le desserrage des écrous** (pl. XV). — Le frein (fig. 1) est une simple plaque taillée de façon à permettre 1/12 de tour au moins de l'écrou; ce frein est ici double, il se fait simple pour un écrou.

Fig. 2. L'écrou porte une rondelle dentée, retenue par un doigt à ressort, simple ou double. S'il y a 32 dents, on pourra serrer l'écrou de 1/32 de tour.

Fig. 3. L'écrou porte un collet portant un certain nombre d'entailles dans l'une desquelles passe une clavette qui traverse le boulon.

Fig. 4. L'écrou porte un prolongement cylindrique muni d'une gorge et logé dans la pièce à serrer; une petite vis latérale vissée dans cette pièce vient pénétrer dans la gorge de l'écrou et l'empêche ainsi de tourner. Ce système permet un serrage aussi faible qu'on veut.

Le moyen le plus employé et le plus simple, quand les pièces ne subissent pas trop de vibrations, consiste à employer un contre-écrou (pl. XIII). Si l'écrou doit rester fixe, on se borne à placer en avant une goupille.

Dans le dispositif (fig. 5 et 5 *bis*) employé pour les têtes de bielles à coin, la tête de vis est coiffée d'un frein encastré ou arrondi sur la tête de bielle et retenu par une goupille.

Dans la figure 6, la tête de la vis est coiffée par une pièce *a a* qui emboîte aussi la pièce serrée *b* et qui est retenue par un petit écrou vissé sur un prolongement de la tête.

**Clefs.** — Elles servent à serrer les écrous : la plus employée est la clef ouverte simple ou double, puis vient la clef fermée, également simple ou double, moins commode, mais ne se déforme pas et abîme moins les écrous.

La *clef*, dite *anglaise*, et ses similaires, est commode pour les réparations, car elle peut prendre divers diamètres de têtes, mais elle ne donne pas le serrage énergique des précédentes. C'est le manche qui fait écrou sur la vis de la dent mobile.

Fig. 70.

La *clef à molette* (pl. XV et fig. 70 ci-contre) est très employée; l'une des dents, ajustée dans la tête, est mobile et conduite par une petite vis moletée que l'on tourne entre le pouce et l'index, vis dessinée à part avec son axe et grandeur.

Enfin, nous avons tracé une clef pour tubes ou tiges rondes; la tige ou le tube étant pris entre le doigt articulé, courbe, et la came dentelée du levier, on conçoit que l'effort exercé sur ce levier augmente le serrage de la tige.

13

**Calcul des boulons.** — Ainsi que nous l'avons établi ailleurs (1), on calculera le diamètre des boulons pour porter une charge P par l'une des relations suivantes, suivant la charge R par millimètre carré qu'on veut lui faire supporter. Ces relations tiennent compte de l'affaiblissement dû au filet de vis ; elles sont approximatives et données en chiffres ronds.

| Charges par millimètre . . R = | $2^k,5$. | 3. | 4. | 5 kilog. |
|---|---|---|---|---|
| Diamètre . . . . . . . . $d =$ | $0,6 \sqrt{P}$ | $0,7 \sqrt{P}$ | $0,8 \sqrt{P}$ | $0,9 \sqrt{P}$ |

La charge P que peut porter un boulon de diamètre $d$ pris à l'extérieur des filets se calcule par la relation :

$$P = 0,5 \ R \ d^2.$$

**Équilibre de la vis et de son écrou** (fig. 71). — Il peut être utile de calculer la pression produite par une vis ou un écrou, pour un effort donné s'exerçant à l'extrémité de la clef. Il est clair que cette pression ne doit pas excéder celle P précédente, sans quoi le coefficient R serait dépassé, appelons :

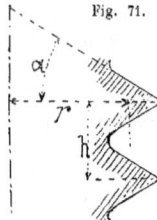

Fig. 71.

P, la pression produite suivant l'axe de la vis ;

$\alpha$, la moitié de l'angle extérieur du filet = 27 à 30° ;

$h$, le pas du filet (désigné précédemment par $p$).

$r$, le rayon moyen du filet ;

F, l'effort à l'extrémité de la clef ou levier quelconque.

$l$, la longueur de la clef, ou bras de levier de cet effort.

$f$, le coefficient de frottement.

Si on ne tient pas compte du frottement, on a :

$$F \times 2\pi l = Ph, \quad \text{ou } Fl = 0,16 \ Ph. \qquad (a)$$

Mais si on tient compte du frottement, on a la relation (2) :

$$Fl = Pr \left( f \text{ sec. } \alpha + \frac{h}{2\pi r} \right). \qquad (b)$$

Pour la vis à filet carré, $\alpha = 0$, et sec. $\alpha = 1$.

Pour les vis à filet triangulaire, $\alpha$ varie de 28° à 30°, d'où sec. $\alpha = 1,15$.

Pour fer sur fonte ou sur cuivre, $f = 0,10$, d'où $f$ sec. $\alpha = 0,115$.

Le rayon moyen $r$, d'après les séries précédentes, est :

Pour filets triangulaires . . . . . $2r = 9h$ ou $r = 4,5 \ h$.

— carrés . . . . . . . . $2r = 6h$ ou $r = 3 \ h$.

---

(1) Voir notre *Manuel des Constructions métalliques et mécaniques*.

(2) Cette relation a été rétablie par M. Maridet, ancien élève des Écoles d'Arts et Métiers (Aix). — Voir *Bulletin de la Société des anciens Élèves de ces Écoles* (mai 1890).

Remplaçant dans *(b)*, on a :
Filets triangulaires. . . . . . . . $Fl = 0,68\ Ph = 0,15\ Pr.$
— carrés. . . . . . . . . . $Fl = 0,46\ Ph = 0,15\ Pr.$

En comparant ces coefficients de $Ph$ à celui dans *(a)*, on voit que le frotte-
ment a accru $Ph$ :
De 68 : 16 $= 4,25$ pour filets triangulaires ;
De 46 : 16 $= 3$ environ pour filets carrés.

## CLAVETTES ET GOUPILLES (Pl. XVI)

On doit distinguer : les clavettes de *calage*, qui fixent les roues, ou moyeux
de pièces quelconques sur les arbres ; les clavettes d'*assemblage*, qui servent à
réunir d'une façon rigide une tige ronde dans la douille d'une pièce quelconque ;
enfin, les clavettes de *serrage*, employées surtout dans les têtes de bielles pour
serrer leurs coussinets, et dont nous parlerons ailleurs.

Clavettes de calage (fig. 1). — La clavette porte une tête (C) sur laquelle
on frappe pour l'enfoncer ; elle est ajustée dans une rainure pratiquée sur l'arbre
(A), ou, pour des efforts moindres, simplement sur un plat (B) ; enfin, pour des
efforts encore moindres, sans vibration, la clavette est arrondie sur l'arbre (C).

Quelquefois, pour de petits appareils, la clavette est simplement une goupille
enfoncée dans le joint, dont le diamètre est environ D : 5.

Nous donnons les dimensions en séries de ces clavettes. Les séries réduites
sont préférables en ce qu'elles diminuent l'outillage et l'approvisionnement.

Les clavettes fixes, ou prisonniers, sans tête (fig. 2) sont souvent prises
dans du fer calibré à la filière d'étirage. Quand on les place à la main, on taille
le pourtour de la mortaise en biseau, on relève un peu les bords au mattoir,
puis on y chasse la clavette préalablement un peu cintrée, on la redresse sur
l'arbre, on matte les bords de la mortaise et on finit de façonner à la lime douce.
Cette pratique est mauvaise, elle fausse presque toujours les arbres.

Il est préférable de faire la mortaise à la fraise ; elle se termine alors par
des demi-cercles. La clavette est, au besoin, maintenue en place par deux vis noyées.

Clavettes d'assemblage (fig. 3). — En plus du tableau que nous donnons, nous proposons des rapports en fonction de D, qui concordent assez bien
avec ce tableau. La clavette peut être retenue en place par une goupille, ou être
fendue et ouverte en place.

Goupilles. — La figure 4 donne les proportions d'une rondelle de bout
goupillée ; la goupille est formée d'un fer mi-rond, étiré à la filière et plié, ou
bien elle est ronde, d'une seule pièce, légèrement conique et fendue au petit bout.

La fig. 5 est la goupille de montage à tête, qui sert à maintenir deux
pièces dans la position qu'elles ont eu lors du premier montage à l'atelier.

# MATIÈRES DIVERSES

CUIRS ET COURROIES. — CHANVRE ET CABLES.
CABLES MÉTALLIQUES. — HUILES. — MASTICS. — PEINTURE.

## CUIRS ET COURROIES

Nous ne nous occuperons que de la préparation des gros cuirs, provenant surtout des peaux de bœufs, et qui servent plus particulièrement à la confection des courroies. Les peaux, avant d'être tannées, subissent diverses manipulations :

1° Les peaux fraîches ou cuirs verts de pays, ou celles d'importation sèches, légèrement salées, sont *reverdies* par l'immersion dans une eau courante.

Cette opération est souvent activée par le *craminage*, ou passage sur le chevalet, où l'ouvrier étire la peau (fig. 72).

2° Elles sont plongées vingt-quatre heures dans un bain d'eau de chaux, qui produit un gonflement, ou empilées dans un lieu chaud pour y subir *l'échauffe*, qui est un commencement de fermentation.

Ces deux opérations, dont la première, au bain d'eau de chaux, est la plus répandue, ont pour but de préparer l'ébourrage et l'écharnage.

3° *L'ébourrage*, ou *débourrage*, c'est l'enlèvement de la bourre sur le côté poil, dit côté *fleur;* il se fait sur le chevalet de rivière (fig. 72), incliné en avant de l'ouvrier, et au moyen d'un outil à deux mains en forme de demi-lune, mais émoussé (fig. 73). Les poils provenant du débourrage sont vendus, après lavage, aux bourreliers.

4° *L'écharnage*, c'est l'enlèvement des chairs jusqu'aux petites veines sous la peau; il se fait avec un outil analogue au précédent (fig. 73), mais affilé. Les déchets de cette opération, chairs et rognures, servent à la fabrication de la colle forte.

Ces travaux, notamment l'écharnage, sont très rudes.

5° *Le lavage et foulage*, ont pour but de nettoyer la peau et de la débarrasser de la chaux qui pourrait y rester.

6° *Le quersage*, consiste à adoucir le grain de la peau au moyen d'une pierre ou ardoise dite *querse*, montée sur un outil à deux mains (fig. 74).

7° *Passeries*. — Les peaux ainsi nettoyées sont enfin préparées au tannage, à l'atelier des plains ou passeries, par une immersion dans des bains successifs, de plus en plus forts, de jusée, ou jus de tanin aigri ou acidulé.

Ces opérations ont pour but de provoquer un gonflement de la peau, qui facilitera la combinaison avec le tanin frais en fosse.

La plupart de ces opérations se font aujourd'hui par des machines.

**Tannage.** — Ainsi préparées, les peaux sont empilées en fosses, entre des couches de *tan* humide, pour y subir l'action du tanin, ou acide tannique, qui les rend imputrescibles et d'une durée illimitée. Le cuir semble être un corps nouveau, car on ne peut plus en retirer ni la gélatine de la peau, ni le tanin.

Le tanin est fourni par un grand nombre de végétaux : le sumac, le manglier, le peuplier, le bouleau, le châtaignier, etc., mais surtout par l'écorce de chêne, ou tan, hachée et broyée dans un moulin analogue aux moulins à café.

Comme nous l'avons dit, les peaux sont mises dans des fosses, en leur inter-posant du tan humide, puis remplies d'eau ou de jus de tan. Au bout de trois mois environ, on les place, après les avoir balayées, dans une autre fosse, toujours avec du tan, mais celles du haut se trouvent en bas, et ainsi de suite. Après quatre mois, nouvelle mise en fosse. Le tannage complet *à cœur* peut durer de douze à dix-huit mois. On compte qu'il faut 4 k. de tan pour 1 k. de cuir.

Les cuirs forts tannés, sont nettoyés puis soumis à un battage mécanique et livrés au commerce. La machine à battre constitue, comme les autres machines, un progrès considérable.

On emploie aujourd'hui diverses méthodes de tannage plus ou moins rapides, mais elles ne paraissent convenir que pour les petites peaux.

**Corroyage.** — Les cuirs tannés sont durs et secs; il faut les rendre souples et réguliers par une série d'opérations qui constituent le corroyage, et se font à la main, mais plus généralement aujourd'hui au moyen de machines.

1° *Le foulage* s'accomplit dans un tonneau rotatif et a pour but d'assouplir le cuir, il s'emploie surtout pour les petits cuirs minces.

2° *Le drayage* a pour but d'enlever le tan adhérent au cuir et d'égaliser l'épaisseur du cuir au moyen de la *drayoire* (fig. 75).

3° *Le rebroussage* a pour but d'assouplir le cuir fort; il s'effectue successive-ment sur les deux faces du cuir au moyen d'une masse de bois arrondie et striée appelée la *marguerite* (fig. 76) que l'ouvrier porte à l'avant-bras comme un bouclier. Le cuir, replié d'une main, est comprimé et déplié par le mouvement imprimé à la marguerite. C'est un travail pénible.

4° *Le battage*, mise au vent ou *étirage* a pour but d'étendre le cuir sur une table plane, et d'en supprimer les parties gondolées. Cette opération s'effectue avec une machine analogue à la machine à querser, déjà employée avant le tannage.

5° *Le lissage* ou *parage* se fait en enduisant le côté chair d'une pâte de farine de seigle, puis en le raclant avec les *étires* qui sont des lames émoussées (fig. 77).

6° Enfin les cuirs pour courroies sont préparés au *quart suif*; on les chauffe doucement et on étend sur leur surface une certaine quantité de suif qui les imprègne entièrement.

Fig. 72.                          Fig. 73, 74 et 75.                          Fig. 77.

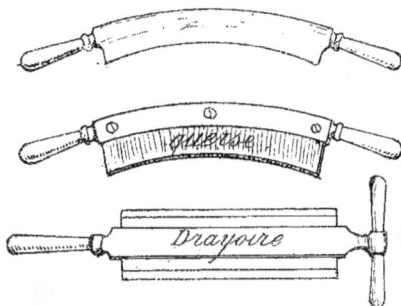

Fig. 76.

**Cuir de Hongrie.** — Ce procédé, importé en France vers 1550, consiste essentiellement à remplacer le tanin par l'alun (sulfate d'alumine et de potasse), ou encore par le chlorure d'aluminium, dans le tannage des peaux de bœufs destinées aux carrossiers, bourreliers et aux selliers. Ces cuirs sont blancs.

Cet alunage, fait longtemps sous les pieds de l'ouvrier fouleur, se fait actuellement dans des cuves rectangulaires oscillant sur un axe transversal placé au milieu de leur longueur. L'alunage est suivi d'un séchage et d'un étirage à la baguette sous les pieds de l'ouvrier, dit *travail de grenier*.

Enfin la mise en suif est la dernière opération; les peaux, préalablement chauffées et séchées au-dessus d'un foyer spécial sont étendues sur une table et enduites de suif fondu sur le côté chair d'abord, puis sur le côté fleur. Ce travail se fait dans un atelier chauffé, ou étuve, où les ouvriers n'entrent que trois ou quatre heures après leurs repas et n'y séjournent que cinq à six minutes, à cause des fumées âcres et vapeurs qui emplissent l'étuve.

**Cuir de Russie.** — Le cuir dit de Russie que l'on fabrique en France et ailleurs est caractérisé par son odeur particulière, agréable, mais qui en éloigne les insectes; il ne moisit pas en lieu humide. Ce cuir doit son odeur à l'huile obtenue par distillation du bouleau, dont on l'enduit après son tannage. Ces cuirs sont teintés diversement, mais le plus souvent en rouge, après mordançage à l'alun, en passant à la brosse une décoction de bois du Brésil ou de Fernambuc, ou mieux, de bois de santal rouge ou de cochenille. On produit ensuite le quadrillage ou le granulage avec la paumelle.

# CONFECTION DES COURROIES (Pl. XVII)

Dans une peau de bœuf tannée, le croupon (partie ombrée, fig. 1) est seul utilisé pour la confection des courroies, le reste est vendu à la cordonnerie. Les courroies un peu larges doivent être coupées au milieu, de façon que la ligne dorsale de l'animal soit l'axe de la courroie; les flancs fournissent les courroies étroites. La courroie est ainsi formée de parties de cuir analogues de chaque côté de l'axe, les allongements de ces parties étant à peu près semblables, la courroie reste sensiblement droite. Cette condition de rectitude est d'une grande importance pour son fonctionnement et sa durée.

Courroies : simple, à talon, double, multiple, homogène (1). — Autant que possible, il est préférable de faire la courroie simple, d'une seule épaisseur de cuir; elle s'applique mieux sur les poulies.

Pour former la longueur de la courroie, les bandes de croupons sont réunies les unes aux autres soit par la couture au moyen de lanières, en cuir de vache parcheminé ou de cuir hongroyé, de fil ciré ou de fil de laiton; soit par par la rivure, soit, enfin, au moyen de la colle de poisson dissoute dans l'alcool, additionnée d'un peu de gutta-percha pour la rendre plus souple; les deux bouts à réunir sont coupés en biseau, collés et mis sous presse.

On fait la courroie à talons (fig. 4), ou double (fig. 3), collée ou cousue, ou mieux la courroie multiple formée de bandes collées sur une toile médiane (fig. 5).

Enfin pour de très grandes puissances, on fait la courroie homogène (fig. 6), formée de bandelettes collées les unes aux autres, puis juxtaposées, et reliées transversalement par un cordeau, les joints étant étagés suivant les lignes $a$, $b$, $c$, $d$, $e$, $f$, $g$. Les courroies, avant d'être employées, sont soumises à un effort d'extension déterminé, entre deux poulies en mouvement (fig. 2).

Pour réunir sur place les deux extrémités d'une courroie, on emploie toujours beaucoup la couture par lanières (fig. 3). A cet effet, les trous sont percés ronds à l'emporte-pièce dans les deux bouts superposés.

On emploie aussi divers systèmes de boulons (fig. 9) ou d'agrafes (fig. 8).

Les figures 10 donnent la forme et le mode d'emploi des attaches en laiton en double T qui ont été répandues par la maison Scellos (Demange succr). Les deux extrémités de la courroie étant coupées bien d'équerre sont superposées et percées ensemble au moyen d'une pince spéciale. Les attaches passées dans les fentes ainsi pratiquées, puis retournées de 90°, présentent alors leurs têtes perpendiculaires aux fentes et retiennent ainsi les deux bouts de courroie dont les bords restent relevés et appliqués l'un contre l'autre quand on étend la courroie.

---

(1) Tous ces systèmes de courroies sont fabriqués par M. Demange et Cie à Paris (succ. de Scellos, et Cie).

L'attache à broche (fig. 11) a également été répandue d'abord par la maison Scellos; actuellement, elle est aussi construite par M. Lagrelle.

Ces deux systèmes ont d'abord été brevetés par un américain, à qui M. Scellos acquit le privilège d'exploitation.

Enfin, les figures 12 représentent l'attache à crochet qu'emploie la maison Michelin et Cⁱᵉ, à Clermont-Ferrand, pour ses courroies en caoutchouc.

La figure B fait voir comment se fait l'attache, en rabattant sur un côté les deux branches du crochet dont le bout a été légèrement courbé. Les figures D et C représentent l'attache fixée sur les bouts de courroie superposés. Mais, pour les grandes vitesses, où il faut éviter les surépaisseurs, on emploie le crochet, comme les attaches précédentes, en réunissant les bords, comme en E. Pour donner un peu de jeu à cette jonction et faciliter la séparation des deux brins de la courroie, on rabat les crochets sur un bout de fer mince.

**Courroies à maillons rivés** (fig. 7). — M. Roullier, à Paris, qui s'occupe de l'utilisation des déchets de cuir, s'est fait breveter, vers 1860, pour la confection de ces courroies utilisant les déchets de cuir. A l'exposition de 1889, on a vu ce système nous revenir d'Amérique et d'Angleterre.

Nous avons vu dans les ateliers de M. Roullier des courroies de ce système fonctionnant depuis plusieurs années, même appliquées à des débrayages.

Elle ne présentent aucune saillie, se prêtent donc bien à l'emploi de galets tendeurs (fig. 2); leur homogénéité fait qu'elles restent droites; leur allongement faible. Au reste, pour raccourcir une telle courroie, il suffit d'enlever un système de mailles et de refaire une rivure. Leur mise en place exige l'emploi d'un tendeur (fig. 13, pl. XVII). La courroie à maillons coûte d'autant moins qu'elle est plus large; c'est là sa principale raison d'être. Au début, ces courroies sont droites sur la largeur, mais bientôt les broches se cintrent et l'adhérence est complète, surtout si les poulies embrassées ont le même diamètre.

**Courroies en caoutchouc.** — Ces courroies sont formées de toile enduite de pâte collante de caoutchouc malaxée avec la fleur de soufre.

Cette toile est repliée quatre, six ou huit fois sur elle-même (fig. 12 A); puis elle est légèrement comprimée entre deux plateaux de fonte chauffés à la vapeur; alors le caoutchouc, se combinant à la fleur de soufre, se vulcanise, il perd sa propriété collante, mais conserve assez d'élasticité pour permettre à la courroie de s'enrouler autour des poulies.

Cette élasticité, dans le sens de la longueur de la courroie, est limitée par celle de la toile, et c'est le nombre des plis de toile qui constitue la résistance de la courroie; le caoutchouc ne sert que de liant et de protecteur de la toile.

Ces courroies résistent mieux que celles en cuir à l'humidité des sous-sols, etc.; mais il faut leur éviter la chaleur ou le frottement et le contact de l'huile. Les courroies qui doivent être croisées sont fabriquées avec toile extérieure.

Le caoutchouc est rarement employé pur ; on y mélange surtout de la baryte (blanc fixe), corps lourd et inerte, et de la proportion de ces mélanges résulte sa qualité.

**Courroies en coton.** — Elles sont formées d'un tissu épais ou de toiles spéciales repliées quatre, six ou huit fois sur elles-mêmes (fig. 12 A) et réunies par plusieurs coutures longitudinales faites à la machine. Elles sont ensuite imprégnées d'huile de lin, et peintes au minium pour les garantir contre l'humidité.

Ces courroies se comportent bien, mais il faut leur éviter les frottements sur les champs, entre les fourchettes d'embrayage.

Pour mieux résister à ce frottement, on a proposé de garnir les bords de la courroie de bandes de cuir cousues et un peu saillantes, comme fig. 4.

Mais c'est là une augmentation sensible du prix, d'autant plus que l'on ne doit pas compter sur la résistance de ces bandes de cuir, parce que leur allongement par mètre n'est pas le même que celui du coton.

**Courroies en crin.** — On en fait aujourd'hui un grand nombre en tissant le poil de chameau, du bison, du lama. Les fils de crin forment la chaîne et la trame est en fil de coton. Ces courroies résistent très bien à la chaleur, l'humidité, l'huile et même les vapeurs acides.

**Courroies métalliques.** — On a proposé, depuis quelques années, des courroies métalliques, formées de fils diversement tissés. La machine américaine de Sweet, l'une des machines motrices de l'Exposition de 1889 (1), était munie d'une courroie de ce système, de fabrication américaine.

Ces courroies manquent d'adhérence, quoique leur poids y supplée en partie ; aussi faut-il garnir de cuir ou toile les poulies sur lesquelles elles doivent s'enrouler, ce qui constitue une dépense supplémentaire. Leur usage ne s'est pas répandu ; nous n'avons vu, jusqu'à présent, que des courroies en essai.

**Calcul des courroies.** — On calcule la largeur des courroies en fonction de la tension maximum du lien conducteur.

P étant l'effort tangentiel, et l'arc embrassé sur la plus petite poulie étant au moins les 0,4 de la circonférence, on a :

$$T = 2\,P \text{ sur poulies en fonte,}$$
$$T = 3\,P \text{ sur poulies en bois.}$$

Les bons cuirs à courroies se rompent sous une charge de $2^k,5$ à 3 kilogrammes par millimètre carré. Mais, en raison de la sécurité que doivent présenter ces organes, la charge pratique est réduite à $R = 0^k,25$ à $0^k,32$.

Ces résistances sont aussi celles qu'on adopte pour les autres courroies.

Pour des cuirs de 5 millimètres d'épaisseur, dimension la plus habituelle, la charge par centimètre de largeur est donc de $12^k,5$ à 16 kilogrammes.

_____

(1) J. Buchetti : *Les Machines à vapeur à l'Exposition de 188°*. Édité par l'auteur.

D'où la largeur de la courroie, sur fonte, sera en centimètres :

$$\text{Pour}\begin{cases} R = 12^k,5 \quad \dots \quad l = \dfrac{T}{12,5} = \dfrac{P}{6,25} = 1,6\,P. \\[2mm] R = 16^k \quad \dots \quad l = \dfrac{T}{16} = \dfrac{P}{8} = 1,25\,P. \end{cases}$$

D'une manière générale, si nous appelons :

N la puissance à transmettre, en chevaux de 75 kgm.,

$l$ et $e$ la largeur et l'épaisseur de la courroie, en millimètres,

$n$ le nombre de tours par minute,

$v$ la vitesse en mètres $= \dfrac{3,14\,\mathrm{D}n}{60} = 0,0523\,\mathrm{D}n$

(cette vitesse $v$ peut aller à 15 et 20 mètres et même 25 mètres),

$R = 0^k,25$ la résistance pratique du cuir, par millimètre carré, on aura :

$$P = \frac{75\,\mathrm{N}}{v} \quad \text{et} \quad T = \frac{150\,\mathrm{N}}{v} = 0^k,25\;l \times e,$$

d'où $\qquad N = \dfrac{l\,e\,v}{600}$ pour la puissance d'une courroie.

Pour l'épaisseur habituelle $e = 5$ millimètres, on aura pour la largeur d'une courroie :

$$l = 120\,\frac{N}{v}.$$

Remplaçant $v$ par sa valeur ci-dessus, on a, en chiffres ronds :

$$l = 2300\,\frac{N}{\mathrm{D}n}.$$

*Exemple :* Soit à transmettre une puissance N = 100 chevaux, le diamètre des poulies D = 3 mètres, et elles font $n = 130$ tours par minute.

La largeur de la courroie de 5 millimètres d'épaisseur sera :

$$l = 2300\,\frac{100}{3 \times 130} = 590 \text{ millimètres, soit } 600.$$

Si la largeur ainsi obtenue est trop grande, on emploiera la courroie à talons ou la courroie double. Mais, dans ce dernier cas, si les poulies sont petites, au lieu de coller ou coudre les deux épaisseurs, on superpose simplement deux courroies simples indépendantes qui se répartissent le travail en marchant à des vitesses différentes (1).

---

(1) Nous reviendrons sur les dispositions des courroies en parlant des « Organes des transmissions »

# FIBRE VULCANISÉE

Ce produit, obtenu d'abord en Amérique vers 1881, est actuellement fabriqué par la Société de caoutchouc, Martiny-Verstraet, à Saint-Denis.

Ce produit n'est autre chose que de la cellulose pure. La sciure de bois subit un traitement chimique qui est encore un secret de fabrication, puis elle est soumise pendant son séchage à une forte pression.

On obtient ainsi des plaques ou feuillés de 1$^m$,06 sur 1$^m$,70, à épaisseur variable de 1 à 32 millimètres. Sa densité est de 1,25 à 1,3.

Cette matière ne comporte pas de caoutchouc; il n'y a donc pas vulcanisation comme pour le caoutchouc. Il n'y a qu'une seule qualité de fibre vulcanisée, mais elle peut être obtenue dure ou flexible.

*La fibre dure* se fait en couleur rouge, gris ou noir, en plaques ou en tubes, mais on ne sait pas encore en obtenir des moulages; elle remplace l'ébonite ou caoutchouc durci, comme matière isolante en électricité. Pour *l'article de Paris*, elle remplace : le celluloïd si dangereux par sa combustibilité, la corne, l'os, l'ivoire, le jais, le gaïac et les métaux malléables.

En mécanique, on en fait des tiges, des dents d'engrenage ou alluchons, de petites roues dentées, découpées à l'emporte-pièce, des rondelles qui, placées sous les écrous, les empêchent de se desserrer, etc.

*La fibre flexible* se fait en rouge indien; elle remplace en mécanique le cuir et le caoutchouc, sauf pour les joints de vapeur et les cuirs emboutis. Elle résiste surtout bien aux liquides, eau, huiles ou graisses, froids ou chauds, et aux acides étendus d'eau.

La plus importante application c'est aux clapets des pompes de condensation. Ces clapets résistent infiniment mieux que le caoutchouc aux eaux grasses des machines, et leur épaisseur n'est que le tiers de celle qui convient au caoutchouc; la différence d'épaisseur est alors rattrapée par une rondelle sphérique B (fig.78).

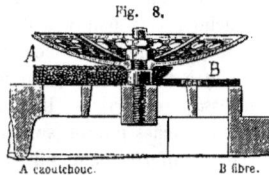

Fig. 8.

A caoutchouc.                    B fibre.

| Diamètre extérieur des clapets en centimètres. | | Épaisseurs de la fibre en millimètres. |
|---|---|---|
| 12 à 20. | . . . . . . . . . . . 4 | |
| 20 à 30. | . . . . . . . . . . . 5 | |
| 30 à 45. | . . . . . . . . . 6 à 7 | |
| 45 à 60. | . . . . . . . . . 8 à 9 | |

Au contact de l'eau, la fibre se gonfle légèrement et ainsi elle est avantageusement employée pour des joints à l'eau ou à la vapeur sous faible pression.

# DU CHANVRE

On donne communément le nom de chanvre aussi bien à la plante *(Cannabis sativa)* qu'à la filasse qu'on en extrait. Le chanvre se reconnaît à son feuillage palmé, à ses tiges droites et élancées et à une forte odeur. Une plantation de chanvre s'appelle une chenevière. L'individu femelle, porte-graine, est généralement plus fort et plus grand que le mâle.

Un hectare fournit environ 6 hectolitres de graines pesant chacun de 48 à 53 kil. et 700 à 1,200 kil. de filasse suivant les pays. En Maine-et-Loire, cette production est d'environ 990 kil. L'industrie, en France, tire encore des chanvres de l'étranger et les plus estimés sont ceux de Bologne (Italie) et de Riga (Russie).

**Rouissage.** — Aussitôt récolté et mis en bottes, le chanvre, ainsi que toutes les autres plantes textiles, telles que le lin, etc., est soumis au rouissage, sorte de fermentation qui a pour but de détruire la substance gomme-résineuse qui agglutine les fibres textiles du liber et les fait adhérer à la tige ligneuse de la plante. Le rouissage se fait : dans l'eau, sur terre, ou à la vapeur.

*Rouissage à l'eau.* — Les bottes ou *poignées* de chanvre sont déposées en couches horizontales superposées d'équerre, formant des rectangles, dans le lit peu profond d'un cours d'eau ou dans de simples excavations, dites *rotoirs*, pleines d'eau. Les couches supérieures, à fleur d'eau, sont chargées de pierres pour assurer leur immersion. Au bout de cinq à six jours, suivant la température, les bottes sont retirées, déliées et séchées au soleil, puis reliées et remisées en grange.

En Allemagne, le rouissage se fait en plaçant le chanvre debout ou légèrement incliné et la pointe à fleur d'eau, parce qu'on aurait remarqué que la pointe se rouit plus difficilement que le pied et que le rouissage se fait plus activement à fleur d'eau qu'au fond.

*Rouissage sur terre.* — Il se pratique surtout dans la Somme. Le chanvre est étendu en couches minces sur prairie, où il subit l'action de la rosée ; de plus, on l'arrose uniformément, s'il ne pleut pas. Au bout de quelques jours, on retourne chaque couche bout par bout, au moyen de longues gaules passées sous la couche, en faisant pivoter les plants autour de la racine; le côté terre regarde maintenant le ciel, et on continue l'arrosage. Après trois semaines environ, le chanvre est relevé, formé en *cahoutes* pour le sécher, puis lié et remisé.

Ces méthodes rurales sont peu régulières, puisqu'elles dépendent du temps, et, de plus, répandent une mauvaise odeur et altèrent les eaux courantes.

*Rouissage industriel.* — Pour remédier aux inconvénients du rouissage rural, on a depuis longtemps cherché à produire le rouissage et le séchage industriellement. C'est à M. Parny, ingénieur à Lille, qu'est due la solution du problème. Le chanvre ou le lin lié en bottes et placé dans un récipient A (fig. 79), est d'abord soumis pendant trente minutes environ à l'action de l'eau chauffée à

125 degrés. Puis, une fois cette eau vidée, on fait arriver dans le récipient de

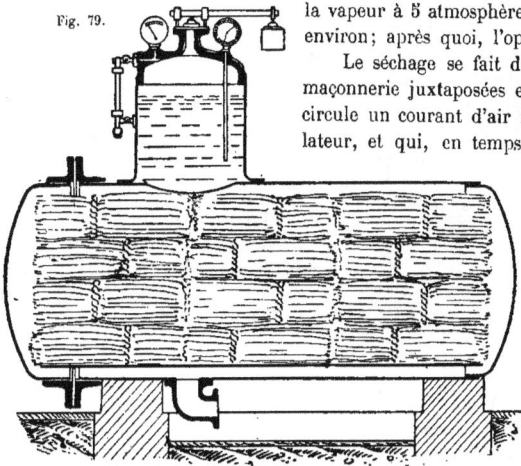

Fig. 79.

la vapeur à 5 atmosphères, pendant une heure environ; après quoi, l'opération est terminée.

Le séchage se fait dans des chambres en maçonnerie juxtaposées et à travers lesquelles circule un courant d'air refoulé par un ventilateur, et qui, en temps froid, est chauffé à 15 ou 20° au bas de chaque chambre, autour de tuyaux de vapeur.

**Teillage ou Tillage.** — Cette opération a pour but de séparer maintenant la fibre textile de la tige ligneuse, à laquelle elle n'adhère plus. Cette tige ligneuse reste comme résidu sous le nom de chènevotte. Cette opération se fait à la main pour les petites productions. Elle se fait aussi, pour le lin notamment, à l'aide de machines spéciales dites Broyeuses-teilleuses parce qu'elles font subir aux tiges un broyage préalable. Le chanvre ainsi obtenu se présente en bandes d'une certaine largeur; il est alors passé sous des meules verticales pour préparer la division de ces petites bandes, en filaments déliés, par le peignage.

**Peignage.** — Cette opération se fait à la main en passant et étirant une poignée de chanvre sur une série de peignes fixes dont les dentures sont de plus en plus fines. Ce peignage produit un certain déchet.

Mais cette opération se fait aussi, surtout pour le lin, au moyen de machines spéciales dites peigneuses qui dans les filatures rendent le lin prêt à être filé.

## CORDAGES EN CHANVRE (1)

Le chanvre, peigné, est étiré et tordu en fils dits « *fils de caret* », d'un diamètre de 3 ᵐ/ᵐ. Plusieurs fils commis, tordus ensemble, forment un *toron*; plusieurs torons donnent une *aussière*, ou *câble*; plusieurs aussières donnent le *grelin*.

Le sens de l'enroulement d'un toron est inverse de celui des fils.

Les cordages reçoivent sur les chantiers des noms rappelant leur emploi ou

---

(1) Extrait de notre *Manuel de Constructions métalliques et mécaniques*.

leur diamètre : *corde à main* (17 $^{m/m}$), *vingtaine* (27 $^{m/m}$), *hauban* (34 $^{m/m}$), *châbleau* (petit câble de 47 $^{m/m}$), *câble* (54 à 80 $^{m/m}$).

La résistance des fibres textiles varie beaucoup suivant la provenance, la maturité, le rouissage, etc. Le commerce compte plus de 60 sortes de chanvre, d'où un nombre considérable de mélanges employés par les cordiers.

Il est donc impossible de préciser la résistance des cordages du commerce ; cette résistance dépend aussi de la fabrication *lâche* ou *serrée* (les cordages se font *lâches* quand ils doivent séjourner dans l'eau). Enfin elle décroît à mesure que le diamètre augmente. En effet, par suite de l'encombrement des fils dans un toron, leur torsion, et, par suite, leur tension, sont inégales ; ainsi les gros torons sont moins résistants que les petits.

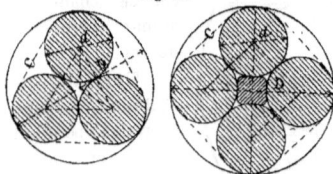

Fig. 80.

Les cordages de fatigue, qui, seuls, nous intéressent, se font à 3 torons, comme dans la marine, ou à 4 torons, avec ou sans âme (fig. 80). L'âme ne compte jamais pour la résistance ; elle se fait en matière de qualité inférieure.

**Résistances. — Aussières.** — Nous ne possédons pas d'essais assez complets donnant la loi de décroissance des charges en fonction du diamètre. D'après nos renseignements, en partant de la charge 9$^k$,5 pour aussière de 15 $^{m/m}$, qualité marine, on ne doit compter que sur 4 k. pour aussière de 100 $^{m/m}$. C'est dans ces limites que nous avons dressé le tableau suivant.

**Grelins** (cordages commis 2 fois, 9 à 12 torons). — On compte, que leur résistance n'est que les 0,75 de celle des aussières de même diamètre.

**Cordages goudronnés.** — Le goudronnage, pratiqué généralement sur les fils, en prolonge la durée ; mais il diminue leur résistance de 10 % selon quelques auteurs, et de 25 % en moyenne d'après d'autres.

Certains ingénieurs de la marine estiment cette perte à 25 % pour les cordages neufs et à 33 % pour un goudronnage ancien.

**Cordages mouillés.** — D'après Forbes-Royle, les cordages récemment mouillés sont plus résistants que secs ; mais cet effet n'est que passager, car le chanvre mouillé s'altère par la fermentation, et comme les cordages mouillés se sèchent difficilement, leur conservation exige qu'on évite l'humidité.

Les cordages mouillés sont moins souples, moins élastiques ; il sont donc plus susceptibles de se rompre sous un choc.

**Cordages en chanvre de Manille dit aloès.** — Ces cordages ont belle apparence, mais, à diamètre égal et même composition, ils sont moins résistants de 20 à 30 % que ceux en chanvre d'Europe.

Les fibres d'aloès, plus dures et moins souples, s'altèrent beaucoup plus à la torsion; les cordages sont plus raides et moins élastiques que ceux en chanvre; par contre, ils sont plus légers et s'échauffent moins en magasin. Ils sont moins hygrométriques, ce qui les fait préférer pour les mines.

### AUSSIÈRES EN CHANVRE (QUALITÉ MARINE)

| Diam. D | Charge par m/m² R | Section pleine S | p Poids du mètre | | Charge de rupture | | (C² = 9 D²) | |
|---|---|---|---|---|---|---|---|---|
| | | | Blanc $p = 0,001 S$ | Goudron $p = 0,00125 S$ | Blanc | Goudron | Blanc | Goudron |
| millim. | kg. | ᵐ/ᵐ c. | kg. | kg. | | | | |
| 15 | 9,5 | 176 | 0,176 | 0,22 | 1580 k. | 1185 | | |
| 20 | 9,0 | 314 | 0,314 | 0,4 | 2820 | 2110 | | |
| 25 | 8,5 | 490 | 0,500 | 0,62 | 4160 | 3120 | | |
| 30 | 8,0 | 706 | 0,720 | 0,9 | 5650 | 4230 | 70 C' | 52 C' |
| 35 | 7,5 | 962 | 0,960 | 1,2 | 7210 | 5400 | | |
| 40 | 7,0 | 1256 | 1,260 | 1,6 | 8790 | 6590 | 60 C' | 45 C' |
| 45 | 6,75 | 1590 | 1,6 | 2,0 | 10730 | 8050 | | |
| 50 | 6,5 | 1963 | 2,0 | 2,5 | 14760 | 11070 | 55 C' | 41 C' |
| 55 | 6,25 | 2375 | 2,4 | 3,0 | 15000 | 11250 | | |
| 60 | 6,0 | 2827 | 2,9 | 3,6 | 16960 | 12720 | 50 C' | 37 C' |
| 65 | 5,75 | 3318 | 3,4 | 4,25 | 19080 | 14310 | | |
| 70 | 5,5 | 3848 | 3,9 | 4,9 | 21160 | 15870 | 45 C' | 34 C' |
| 75 | 5,25 | 4417 | 4,5 | 5,6 | 23190 | 17390 | | |
| 80 | 5,0 | 5026 | 5,1 | 6,4 | 25130 | 18840 | 40 C' | 30 C' |
| 90 | 4,5 | 6360 | 6,4 | 8,0 | 28620 | 21460 | | |
| 100 | 4,0 | 7850 | 7,9 | 9,9 | 31400 | 23550 | 35 C' | 26 C' |

Les deux dernières colonnes expriment la charge de rupture en fonction du développement extérieur C du câble pris avec un fil et exprimé en centimètres.

Pour les cordages ordinaires du commerce, on ne devra compter que sur les 0,7 ou 0,5 environ de ces charges de rupture, ou toute autre fraction qu'indiquera l'essai des chanvres dont on dispose.

**Câbles à section décroissante.** — Pour les extractions profondes, il y a intérêt à réduire au minimum le poids du câble. Soit Q son poids total. La section supérieure sera $S = m (Q + P) : R_r$; elle doit décroître successivement pour n'être plus à la partie inférieure que $s = m P : R$. On obtient cette décroissance en supprimant un fil de distance en distance.

# CABLES MÉTALLIQUES (1)

Les fils sont commis en torons et ceux-ci en aussières, comme les câbles en chanvre. Ce n'est qu'après l'adoption des âmes en chanvres que ces câbles se répandirent, car alors seulement les fils supportent une égale tension et le câble est élastique.

Nous indiquons (fig. 81) les principales compositions de ces câbles. Les sections 1 et 2, entièrement métalliques, donnent des câbles peu élastiques et d'autant plus raides que le fil est plus gros; ils s'emploient pour les ponts suspendus, guidages, paratonnerre, etc.

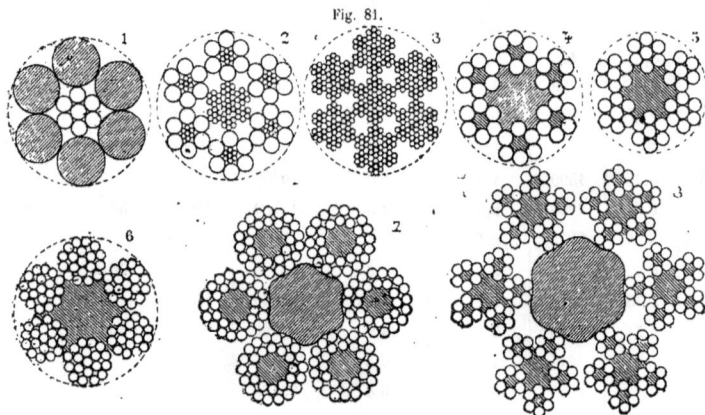

Fig. 81.

Quand le chanvre n'est pas admissible, comme dans les emplois précédents, on donne plus de souplesse au câble en formant les âmes de fils fins et même recuits (2). En même temps, on évite la rupture de ces âmes qui, étant moins tordues que les fils extérieurs, doivent être plus élastique pour ne pas fatiguer plus que ces fils.

On emploie aussi pour appareils de levage des câbles composés en grelins (3), en fils fins. La section (5), avec âme en chanvre, donne des câbles plus élastiques et plus souples. On améliore encore ces qualités en faisant toutes les âmes en chanvre, comme au n° 4. Pour de fortes charges, on fait les torons à double rang, pleins (6), ou mieux, avec âme en chanvre (7); mais alors les fils, inégalement tordus, fatiguent inégalement. Pour obvier à cet inconvénient, la société de Seraing forme ses câbles d'extraction (8) de petits câbles à torons simples, avec

---

(1) Extrait de notre *Manuel des Constructions métalliques et mécaniques*.

toutes les âmes en chanvre; alors tous les fils, ayant même torsion, ont même tension et le câble est très souple.

On fait aussi des câbles plats composés d'un nombre pair de câbles ronds à 4 torons cousus ensemble, dont moitié sont tordus à droite et moitié tordus à gauche, afin d'éviter la torsion du câble plat sous la charge, quand elle n'est pas guidée.

## CABLES MÉTALLIQUES

| FILS | | | | CABLES de 42 fils, type 5, fig. 108. | | | | | |
|---|---|---|---|---|---|---|---|---|---|
| Nº du fil. | Diam. du fil d. | Section en millim. s | Poids de 1000 mètres. | Diamètre 9 d. | Fer ou acier à 60 k. | | Acier à 100 k. | Cuivre ou fer recuit à 45 kg. | |
| | | | | | Rupture. | Poids. | Rupture. | Rupture. | Poids. |
| | mm | mm c | k | | | k | | | k |
| P | 0,5 | 0,196 | 1,5 | 4,5 | 493,8 | 0,072 | 823 | 370 | 0,082 |
| 1 | 0,6 | 0,287 | 2,2 | 5,4 | 723 | 0,104 | 1205 | 542 | 0,118 |
| 2 | 0,7 | 0,385 | 3,0 | 6,3 | 970 | 0,142 | 1617 | 727 | 0,160 |
| 3 | 0,8 | 0,503 | 3,92 | 7,2 | 1266 | 0,185 | 2110 | 950 | 0,210 |
| 4 | 0,9 | 0,636 | 4,96 | 8,1 | 1602 | 0,234 | 2670 | 1200 | 0,265 |
| 5 | 1,0 | 0,785 | 6,12 | 9 | 1978 | 0,290 | 3297 | 1485 | 0,328 |
| 6 | 1,1 | 0,95 | 7,42 | 9,9 | 2394 | 0,35 | 3990 | 1800 | 0,400 |
| 7 | 1,2 | 1,114 | 8,81 | 10,5 | 2844 | 0,417 | 4740 | 2133 | 0,472 |
| 8 | 1,3 | 1,327 | 10,35 | 11,7 | 3348 | 0,49 | 5580 | 2510 | 0,556 |
| 9 | 1,4 | 1,539 | 12 | 12,6 | 3880 | 0,567 | 6468 | 2910 | 0,642 |
| 10 | 1,5 | 1,767 | 13,78 | 13,5 | 4460 | 0,65 | 7434 | 2345 | 0,737 |
| 11 | 1,6 | 2,011 | 15,68 | 14,4 | 5064 | 0,74 | 8440 | 3800 | 0,840 |
| 12 | 1,8 | 2,545 | 19,84 | 16,2 | 6396 | 0,938 | 10660 | 4800 | 1,062 |
| 13 | 2,0 | 3,142 | 24,46 | 18 | 7908 | 1,158 | 13180 | 5930 | 1,311 |
| 14 | 2,2 | 3,801 | 29,64 | 19,8 | 9576 | 1,400 | 15960 | 7180 | 1,586 |
| 15 | 2,4 | 4,524 | 35,28 | 21,6 | 11340 | 1,667 | 18900 | 8500 | 1,888 |
| 16 | 2,7 | 5,725 | 44,63 | 24,3 | 14412 | 2,110 | 24020 | 10800 | 2,390 |
| 17 | 3,0 | 7,068 | 55,13 | 27,0 | 17934 | 2,600 | 29890 | 13450 | 2,950 |
| 18 | 3,4 | 9,079 | 70,82 | 30,6 | 22878 | 3,345 | 38130 | 17150 | 3,790 |
| 19 | 3,9 | 12,045 | 93,17 | 35,1 | 30176 | 4,400 | 50328 | 32640 | 4,985 |
| 20 | 4,4 | 15,205 | 118,6 | 39,6 | 38304 | 5,600 | 63840 | 28700 | 6,346 |

Le tableau précédent contient les données relatives aux fils et la résistance absolue ou de rupture — m P ainsi que le poids des câbles pour n = 42 fils en fer à $R_r = 60$ k, et cuivre ou fer recuit à 45 k. Ces chiffres de rupture permettent de trouver facilement la résistance absolue m P pour un câble d'un nombre

15

quelconque $n'$ de fils présentant un coefficient de résistance $R_r'$ différent de ceux du tableau; il suffit de multiplier les chiffres de ce tableau par $n' : m$ et par $R_r' : R_r$.

*Exemple.* — Quelle sera la résistance absolue d'un câble de $n' = 36$ fils acier n° 12 à $R_r = 140^k$? On a :

$$m\,P = 10.660\,\frac{36}{42} \times \frac{140}{100} = 12792^{\,k}.$$

Le coefficient de sécurité $m$, qui multiplie la charge effective P varie comme suit :

$m = 4$ à 5 pour les câbles fixes ;
$m = 6$ à 8 pour appareils de levage ;
$m = 10$ à 12 manœuvre des hommes.

## HUILES ET GRAISSES

On distingue les huiles *végétales, animales, minérales* et les *huiles de distillation.*

On appelle *essences* ou *huiles essentielles* les principes volatils obtenus par la distillation de ces huiles.

**Huiles végétales.** — Se trouvent dans les semences, ou, pour l'olive, dans la pulpe. Caractères : 1° saveur douce avec arrière-goût de noisette ; 2° odeur légère qui se développe par échauffement et friction dans la main ; 3° supportent 250° sans s'altérer.

La congélation a lieu pour . .
{ huile d'olive. . à $+$ 2°.
— de colza . à — 6°.
— de lin . . à — 27°.

Pour extraire l'huile des graines, on leur fait subir, après nettoyage, un écrasage, un chauffage, une première pression ; puis un deuxième écrasage, un deuxième chauffage et une deuxième pression.

*L'huile de colza,* chou oléifère, densité $= 0,913$, éclairage et savons.

*L'huile de lin, d = 0,94*, est siccative, sert pour la trempe et le taraudage pour toutes les peintures, le minium pour joints, les vernis gras, les encres d'imprimerie noires ou colorées. (Pour ces encres, l'huile est cuite.)

*Les huiles d'olive, — noix, — palme, — œillette, — navette, — coco, — amande, — de coton,* servent pour l'alimentation ou la fabrication des savons. L'huile d'olive sert au graissage des petites machines.

**Huiles animales.** — On en extrait du lard des baleines, phoques, etc.

*L'huile de pied de bœuf ou de mouton* s'extrait des abatis des mammifères : sert au graissage, mais elle est rarement pure dans le commerce.

*L'oléine* s'obtient par pression du suif, du saindoux ; vient des États-Unis.

**Huiles minérales, oléo-naphtes.** — Ce sont les pétroles d'Amérique et les pétroles ou naphtes du Caucase qui jaillissent naturellement du sol par un simple sondage. Ces huiles donnent à la distillation : 1° des essences très inflammables ; 2° des huiles d'éclairage; et 3° des huiles plus lourdes qui servent avantageusement pour le graissage des machines. Ces huiles étant volatiles, il suffit que la température de distillation soit supérieure à celle des fluides avec lesquels elles doivent être en contact.

**Huiles de distillation.** — La *résine* extraite des bois résineux donne à la distillation l'essence de térébenthine employée en peinture, puis des huiles qui, saponifiées, fournissent les graisses pour voitures.

Les *schistes*, notamment ceux d'Autun, fournissent par distillation des huiles d'éclairage caractérisées par leur odeur.

Les *Goudrons de Gaz* donnent, comme résidu de leur distillation, l'huile lourde, ou créosote, utilisée pour l'injection des bois.

**Graisses.** — L'emploi des graisses animales est très limité mais on emploie beaucoup aujourd'hui des graisses molles, provenant de la saponification des huiles minérales par l'huile de colza.

## GRAISSAGE DES MACHINES

On distingue le graissage des organes froids et le graissage des organes chauffés, soit par la vapeur ou tout autre fluide.

**Graissage à froid.** — Les huiles doivent conserver leur limpidité en travail, former le moins de cambouis possible et être ininflammables.

Les huiles de colza ou de navette, laissent un peu de cambouis et gèlent.

Les huiles minérales épurées se conservent mieux, ne forment pas de cambouis.

**Graissage à chaud.** — Les huiles végétales et animales deviennent trop fluides à chaud, ce qui oblige à graisser souvent et entraîne une grande dépense.

Mais, de plus, les huiles organiques employées au graissage des cylindres à vapeur se décomposent en présence de la vapeur d'eau à haute température en glycérine et acides gras; il en résulte des dépôts et obstruction des conduits. De plus, ces acides gras, soit dans le cylindre, soit dans la chaudière où ils sont envoyés, après leur passage au condenseur, se décomposent en présence du tartre des eaux pour former des savons et l'acide rendu libre attaque le métal, fonte ou tôle des chaudières, cause première de nombreux accidents.

Les huiles minérales, au contraire, qui sont entièrement volatiles, ne donnant ni gomme ni acide, n'attaquent pas les métaux et ne font aucun dépôt; elles présentent même l'avantage de dissoudre les dépôts qui auraient été faits par les huiles organiques. Mais il faut s'assurer que leur température de volatilisation est supérieure de 10 à 12° au moins à la température de la vapeur.

**Essais mécaniques.** — Toutes les huiles et graisses du commerce sont plus ou moins mélangées et il est impossible de savoir exactement à quelle huile on a à faire. On a créé un grand nombre d'appareils pour essayer les huiles mécaniquement. L'un des plus simples est celui de Myram et Stapfer. Il se compose d'un arbre pris entre des coussinets serrés par un contrepoids : on verse une quantité d'huile déterminée et on mesure le nombre de tours qu'il faut faire faire à l'arbre pour obtenir une même température donnée. Ce nombre de tours est d'autant plus élevé que l'huile graisse mieux. Dans d'autres appareils on mesure l'effort tangentiel. Enfin on pourrait aussi mesurer le travail en kilogrammètres dépensé jusqu'à production d'une température donnée.

Nous parlerons ailleurs des appareils graisseurs.

# MASTICS

Ce sont des mélanges collants ou préservateurs, pour enduits, ou pour joints.

**Mastic de vitrier.** — Il est formé de craie et huile de lin cuite. Il durcit à l'air et s'emploie pour enduire les bois, ou les pièces de fonte avant de les peindre.

**Mastic minium. — Céruse.** — Le minium et la céruse, dont nous parlons ci-après, malaxés avec de l'huile de lin, peuvent chacun être employés pour joints, mais, pour les joints de vapeur, on préfère le mélange suivant :

$$\left.\begin{array}{l} \text{1 partie minium. . .} \\ \text{1 — céruse. . . .} \\ \text{1 — huile de lin .} \end{array}\right\} \text{devient très dur.}$$

Ce mélange est battu au marteau jusqu'à ce qu'il n'adhère plus aux doigts. On le conserve dans l'eau et on le rebat avant emploi.

**Mastic Serbat.** — Ce mastic, de couleur noire, porte le nom de son fabricant ; il se vend en boîtes, prêt à être employé. Sa composition est environ :

Sulfate de plomb calciné . . . . . . 70
Bioxyde de manganèse . . . . . . . 20
Huile de lin cuite. . . . . . . . . 10

Ce mastic s'emploie à froid pour faire des joints et durcit par la chaleur. Une fois dur, il est susceptible de se fondre au contact d'un fer rouge : cela permet de boucher certaines fuites.

**Mastic de fer.** — Ce mastic s'emploie à froid pour faire des joints de pierres de taille à l'extérieur, des scellements, et aussi pour la réunion définitive de pièces de fonte. Ce mastic, une fois sec, est très dur.

$$\text{Sa composition est la suivante :} \left\{\begin{array}{l} \text{limaille de fer fine. . . 60 parties.} \\ \text{fleur de soufre . . . . 1 partie.} \end{array}\right.$$

$$\text{Avec eau contenant . . . . .} \left\{\begin{array}{l} \text{1/5 de chlorhydrate d'ammoniaque.} \\ \text{1/6 de vinaigre ou d'acide sulfurique étendu.} \end{array}\right.$$

Ce mélange, fait dans un baquet en pierre et constamment recouvert par l'eau, peut se conserver longtemps. Au moment du mélange, la température s'élève par suite de la combinaison chimique.

**Mastic de fonte.** — Mêmes usages, la limaille fer est remplacée par celle de fonte ou par la tournure de fonte tamisée :

Limaille ou tournure de fonte . . 96 kilogrammes.
Sel ammoniac en poudre. . . . . $2^k,5$
Fleur de soufre . . . . . . . . $1^k,5$

On mélange à sec, on ajoute en agitant une petite quantité d'eau; la réaction fait que la température s'élève et cette réaction dure vingt-cinq à trente minutes. Il se conserve comme le précédent sous l'eau.

**Mastic des fondeurs.** — Les fondeurs emploient, pour boucher les trous, soufflures ou retirures des pièces de fonte, le mélange suivant :

| | | | |
|---|---|---|---|
| Limaille de fonte fine. . . | $5^k,60$ | Mine de plomb . . . . . | $0^k,50$ |
| Ardoise pilée . . . . . . | $2^k,33$ | Fleur de soufre . . . . . | $0^k,33$ |
| Cire jaune . . . . . . . | $1^k,24$ | | |

Le tout est malaxé et fondu à une faible chaleur dans une cuillère en fer et employé à chaud; quand la soufflure est remplie, on affleure le mastic avec la pièce au moyen d'un fer rouge. Ce mastic est bientôt refroidi : il devient très dur et a la même couleur que la croûte de la fonte.

# PEINTURES

La plupart des peintures sont formées par un véhicule, qui est la céruse, ou ses succédanés, que l'on colore au degré voulu par des ocres ou des oxydes métalliques.

**Céruse.** — C'est un hydrocarbonate de plomb de couleur blanche, connu aussi sous les noms de *blanc de plomb, blanc d'argent, blanc de Krems* (pays de production, près Vienne. Le commerce la livre en poudre, ou broyée à l'huile. Outre son emploi en peinture, la céruse s'emploie dans la fabrication des papiers peints, des papiers glacés dits porcelaine et pour l'impression sur étoffes.

C'est la meilleure peinture blanche et le principal véhicule en peinture; elle présente sur ses succédanés deux avantages : 1° Un plus grand pouvoir couvrant; 2° Elle accroît la siccativité des huiles. Mais, après l'avoir touchée, il faut éviter de toucher les aliments, car elle provoque le saturnisme; il convient donc de se laver les mains à l'hyposulfite. La céruse calcinée à 120° ou 130° donne le minium, dit mine orange. Les peintures à la céruse présentent l'inconvénient de noircir sous l'action de l'hydrogène sulfuré.

La céruse est rarement pure, on y mélange surtout du sulfate de baryte, minéral blanc et lourd. Ces mélanges ont pour but d'en réduire le prix pour les peintures qui doivent être faites à bon marché, d'où la fraude. Ils portent des noms différents, comme l'indique le tableau ci-après. Un essai par calcination permettra de constater la proportion du mélange; la céruse perdant par calcina-

tion 14,5 °/₀ de son poids, si la céruse essayée n'a perdu que 7,25, c'est qu'elle
contient 50 °/₀ de sulfate de baryte :

| | Blanc de : | | Venise. | Hambourg. | Hollande. |
|---|---|---|---|---|---|
| Sulfate de baryte. 0/0. | 0 | 20 | 34 | 50 | 66 | 75 |
| Perte en poids. . 0/0. | 14,5 | 12 | 10 | 7,25 | 5 | 3,6 |

**Blanc de zinc.** — Oxyde de zinc : c'est le principal succédané de la céruse,
il n'est pas nuisible, mais il couvre moins et ne rend pas l'huile siccative.

**Autres blancs.** — Ce sont : le sulfate de zinc, l'oxyde d'antimoine, le
sous-sulfate de plomb.

**Minium ou oxyde rouge de plomb.** — Le plomb, fondu à l'air, donne un
protoxyde, de couleur jaune, appelé *massicot*. Ce massicot, chauffé à 300° et brassé,
s'oxyde encore et donne le minium en poudre d'une belle couleur rouge. Le
massicot fondu, puis refroidi lentement, donne la litharge.

Le ton rouge est de plus en plus riche à mesure que le massicot est plus com-
plètement oxydé, ce que l'on fait en le repassant au four ; on a ainsi les mi-
niums dits à un, deux ou trois feux.

La qualité dite *mine orange* est supérieure ; elle s'obtient par la calcination
de la céruse à 120 ou 130 degrés.

Le minium est frelaté par l'oxyde de fer, la brique pilée, le carbonate de
plomb non décomposé. L'essai est facile, car le minium pur se dissout seul dans
l'eau sucrée bouillante, aiguisée de quelques gouttes d'acide azotique.

Le minium est employé en première couche sur les métaux ; pour joints de
vapeur ; la fabrication du strass, flint-glass, cristal, émaux et couvertes de poteries.

**Litharge ou protoxyde de plomb.** — S'obtient en fondant à haute température le massicot, puis en laissant cristalliser par un refroidissement lent.
On obtient ainsi des lamelles brillantes, d'apparence vitreuse, d'un jaune
rougeâtre (litharge jaune d'argent), ou rouge vif (litharge rouge d'or), suivant
que le refroidissement a été prompt ou lent. Les litharges du commerce sont
souvent mélangées d'ocres, de sable ou brique. En dissolvant la litharge dans
l'acide azotique étendu, ces matières terreuses restent comme résidu.

La litharge rend l'huile de lin siccative et donne de belles couleurs : jaune minéral,
jaune de Turner, jaune de Cassel, de Paris, Vérone, Naples, etc.

**Application.** — Les huiles de noix, de lin, d'œillette, sont rendues siccatives
en les faisant bouillir avec de la litharge, ou en y ajoutant de l'essence de térébenthine. La base de presque toute couleur est la céruse ou le blanc de zinc.

Les surfaces qu'il s'agit de peindre sont d'abord nettoyées ; les nœuds de
sapin qui prennent mal la peinture sont d'abord enduits de litharge broyée à
l'huile, ou de deux ou trois couches de minium à l'huile. On passe alors sur
la surface une première couche dite couche d'impression. Sur les métaux, cette

première couche sera au minium. On bouche ensuite les trous, ou on enduit la fonte au mastic,à l'huile, puis on égalise la surface par un ponçage. Enfin on passe une seconde couche de la couleur que l'on désire et même une troisième couche.

Pour les peintures soignées, on fait un enduit au mastic que l'on ponce une fois sec, à l'eau, ou au papier de verre, puis on passe les couches de fond et par-dessus les couches définitives, enfin s'il y a lieu, une couche de vernis.

La peinture des voitures et wagons comporte plusieurs couches d'impressions poncées et plusieurs couches de vernis superposées.

**Vernis.** — Les vernis sont obtenus par la dissolution de résines dans des liquides volatils ou véhicules. Si le véhicule liquide est entièrement volatil, le vernis restera formé de la couche de résine et sera cassant ; tels sont les vernis à l'éther, à l'alcool, employés en ébénisterie et pour les tableaux.

Si le véhicule laisse un résidu qui lie les particules résineuses, le vernis est plus solide. Tels sont les vernis à l'essence, aux huiles ou essences grasses. Ces vernis sèchent moins vite que les premiers.

On emploie pour les vernis les résines suivantes :

| Résines dures. | Résines tendres. | |
| --- | --- | --- |
| — | Sèches. | Molles. |
| Copal | Sandaraque | Benjoin |
| Succin | Mastic | Elémi |
| Gomme laque | Daumar | Térébenthine |

FIN.

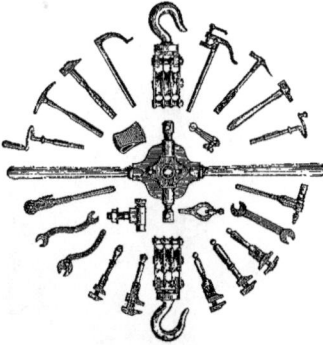

IMPRIMERIE CENTRALE DES CHEMINS DE FER. — IMPRIMERIE CHAIX. — RUE BERGÈRE, 20, PARIS. — 514-1-91.

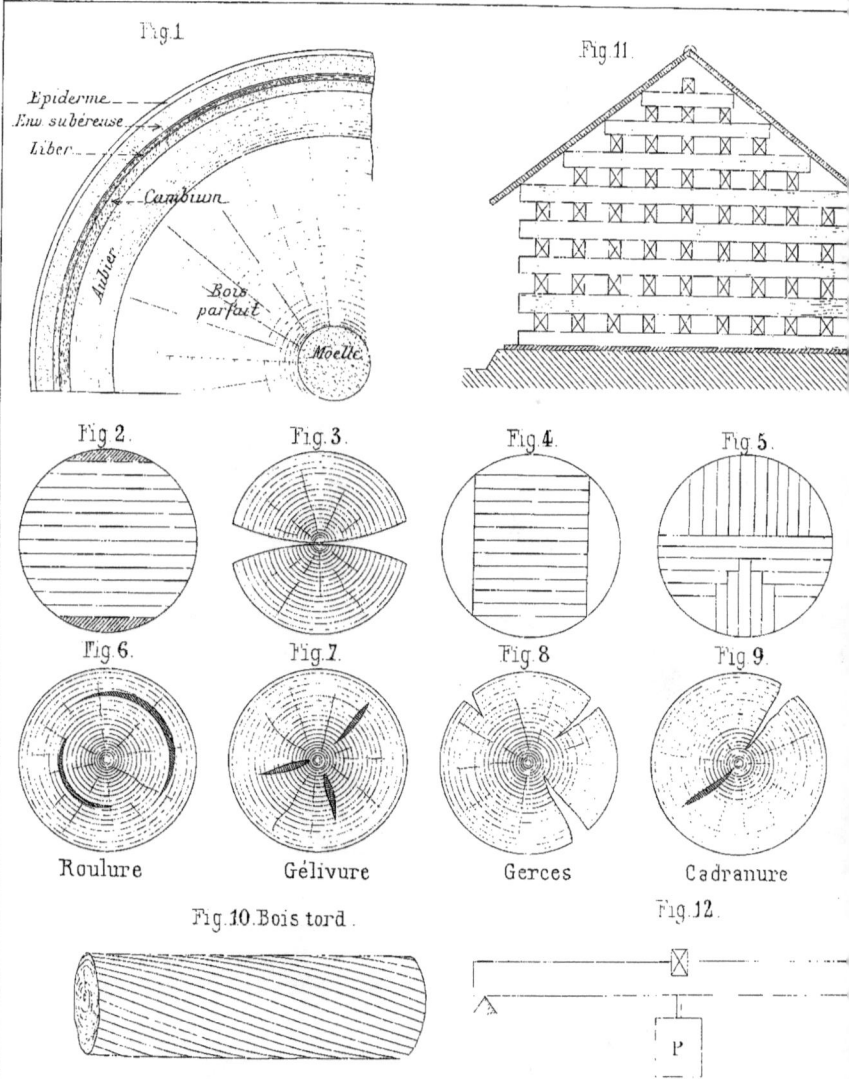

Fig.1

Épiderme
Env subéreuse
Liber
Cambium
Aubier
Bois parfait
Moelle

Fig.11.

Fig 2.

Fig.3.

Fig.4.

Fig 5.

Fig.6.

Fig.7.

Fig 8

Fig 9.

Roulure

Gélivure

Gerces

Cadranure

Fig.10.Bois tord.

Fig.12.

P

J.BUCHETTI. Auteur et Editeur.

Fig 14. Appareil Blythe.

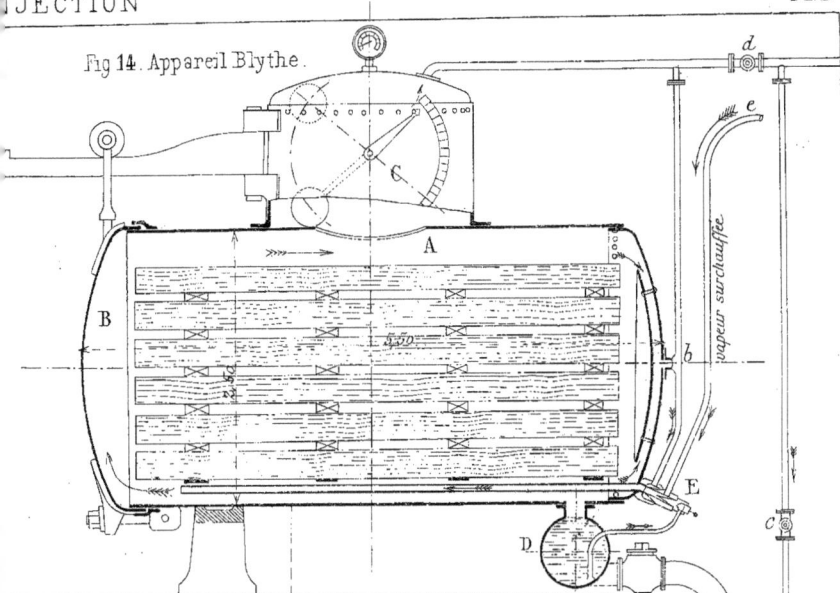

A

B

C

vapeur surchauffée.

d

e

b

c

D

E

F

G

Fig. 13.

Système Boucherie.

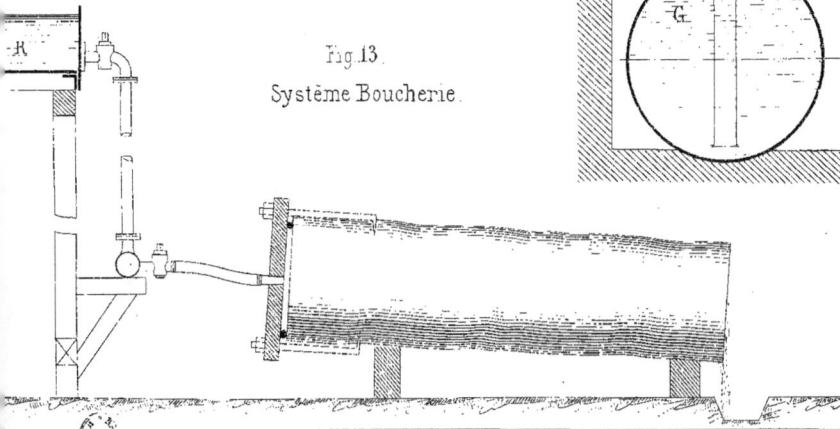

R

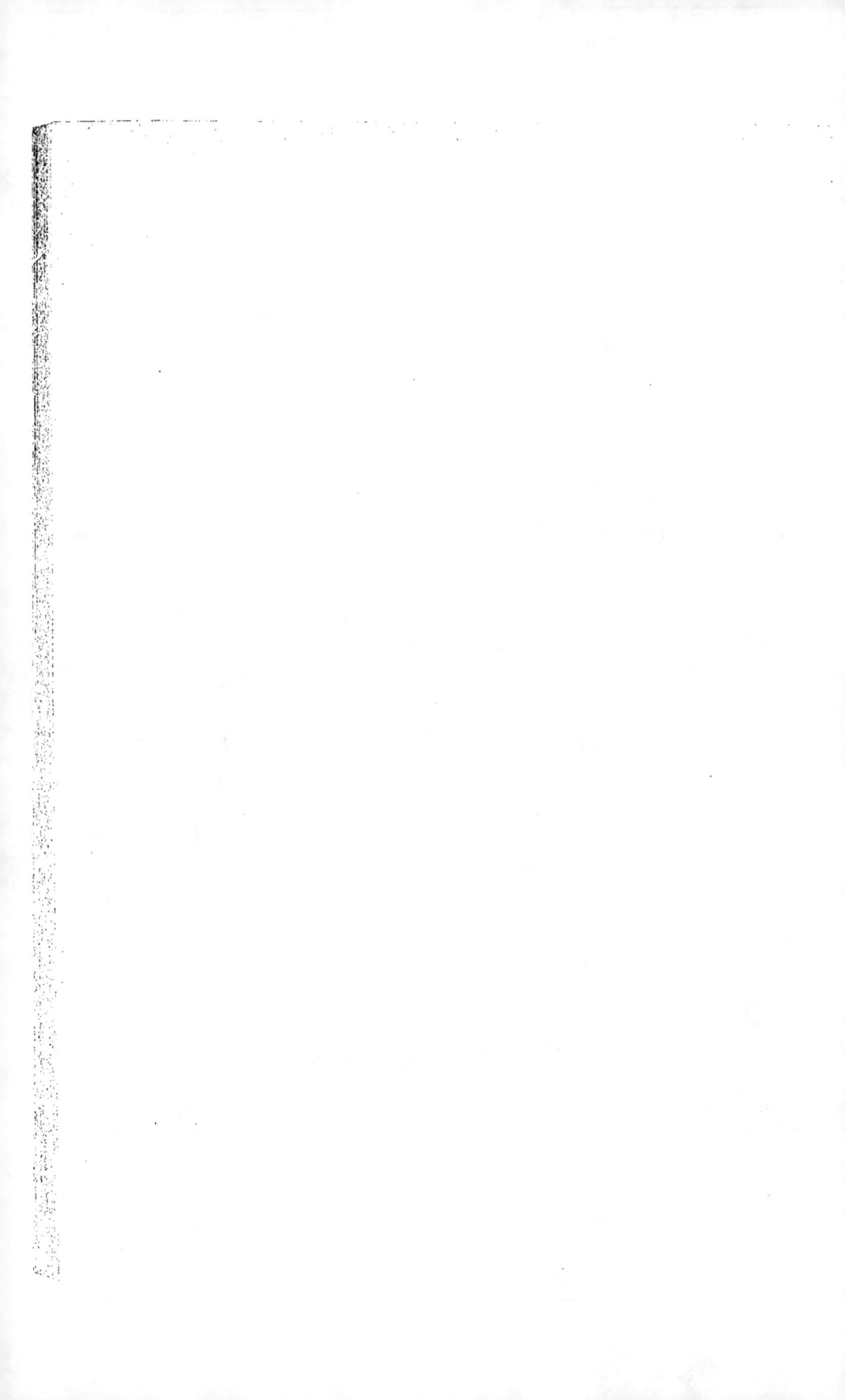

Assemblages de planches et madriers.

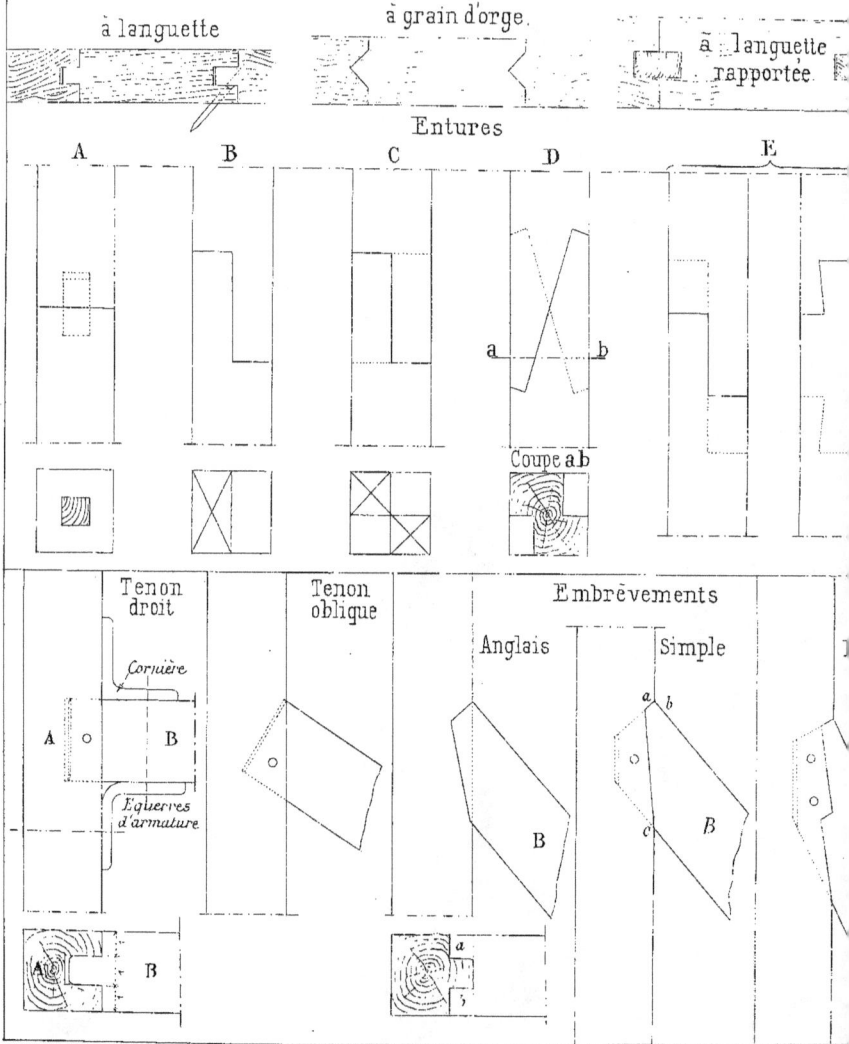

à languette

à grain d'orge.

ã languette rapportée.

Entures

A          B          C          D          E

a          b

Coupe a b

Tenon droit

Cornière

A     o     B

Equerres d'armature

A     B

Tenon oblique

a

b

Embrèvements

Anglais          Simple

a  b

o

c     B

B

J. BUCHETTI. Auteur et Editeur

Assemblages de poutres et solives.

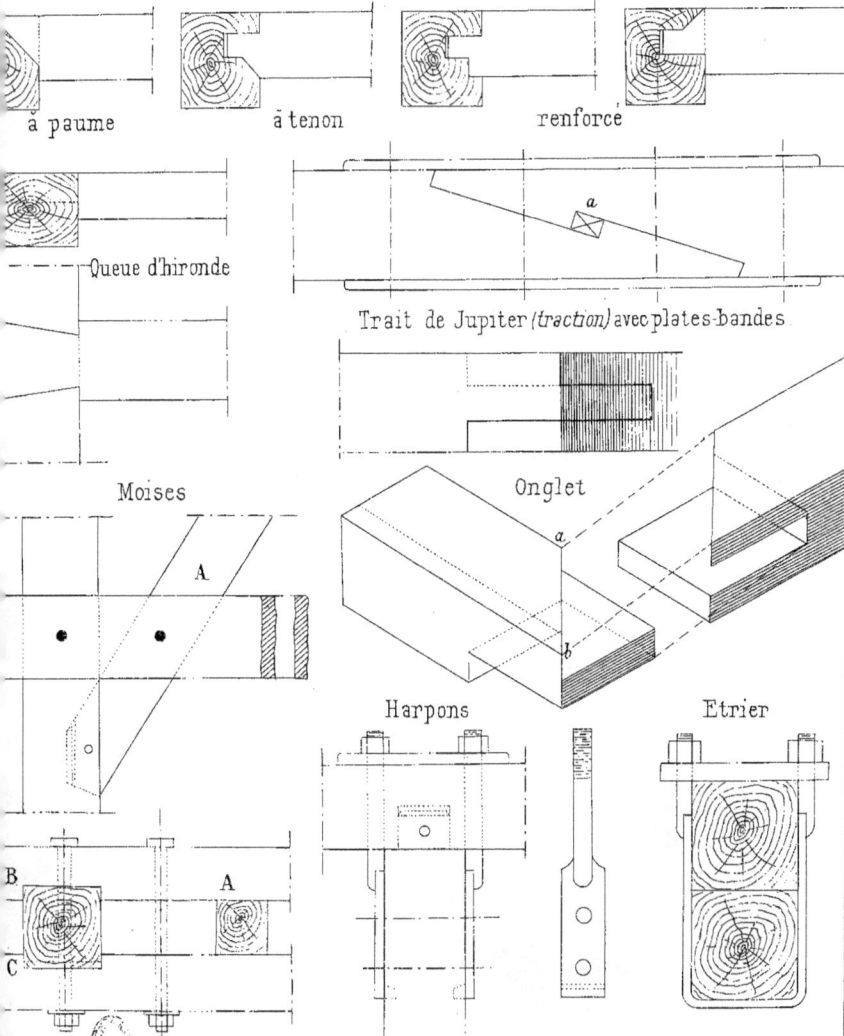

à paume          à tenon              renforce

Queue d'hironde

a

Trait de Jupiter *(traction)* avec plates-bandes.

Moises                          Onglet

A

a

b

B          A

C

Harpons                    Etrier

*Imp. Monrocq Paris.*

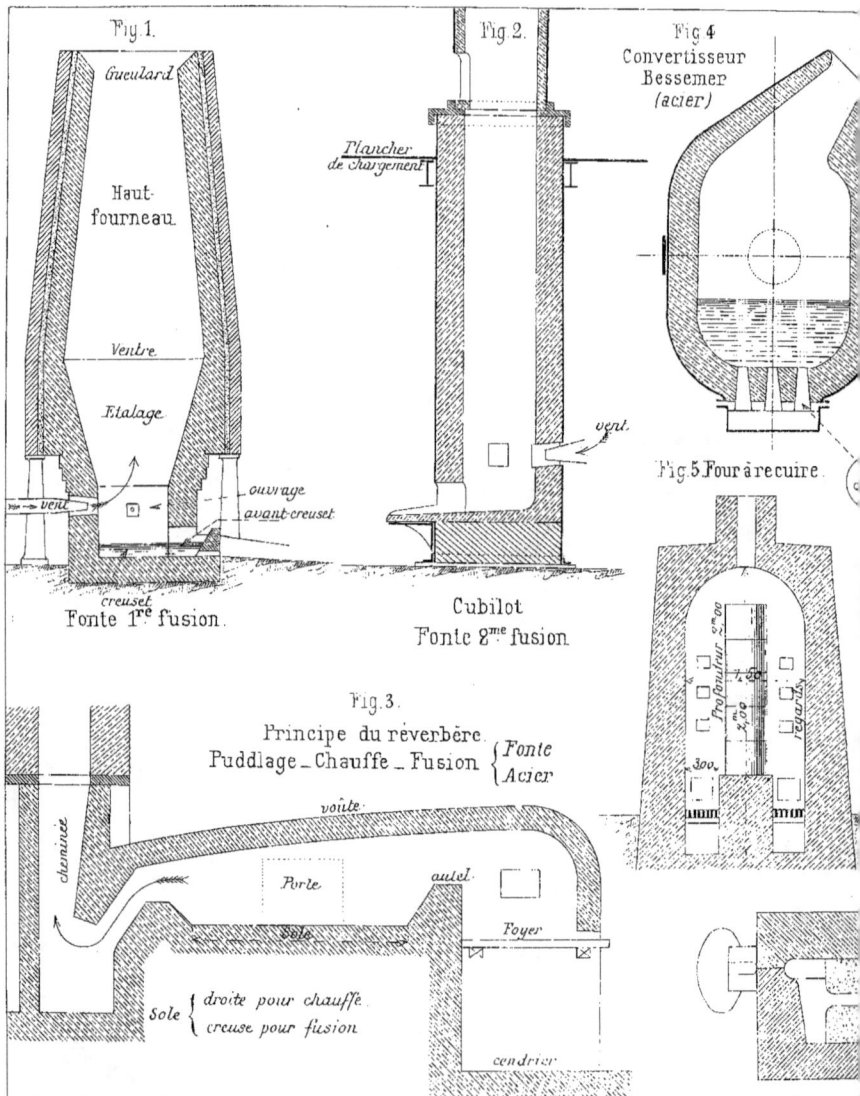

Fig.1.

Gueulard

Haut-fourneau.

Ventre.

Etalage.

ouvrage
avant-creuset

creuset
Fonte 1re fusion.

Fig.2.

Plancher
de chargement

vent.

Cubilot
Fonte 2me fusion.

Fig 4
Convertisseur
Bessemer
(acier)

vent.

Fig.5.Four à recuire.

Fig.3.

Principe du réverbère.
Puddlage _ Chauffe _ Fusion { Fonte / Acier

voûte

cheminée

Porte

autel

Foyer

Sole

Sole { droite pour chauffe. / creuse pour fusion.

cendrier

J.BUCHETTI. Auteur et Editeur

Pl. III

Fig. 7. Chassis en fer.

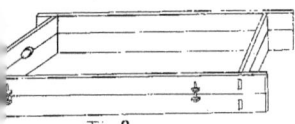

Fig. 8.

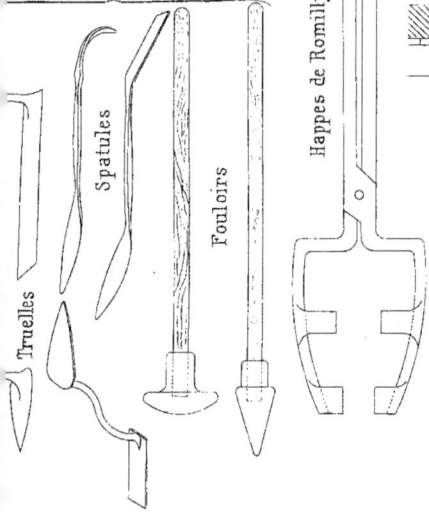

Fig. 6.
Fourneau à creuset

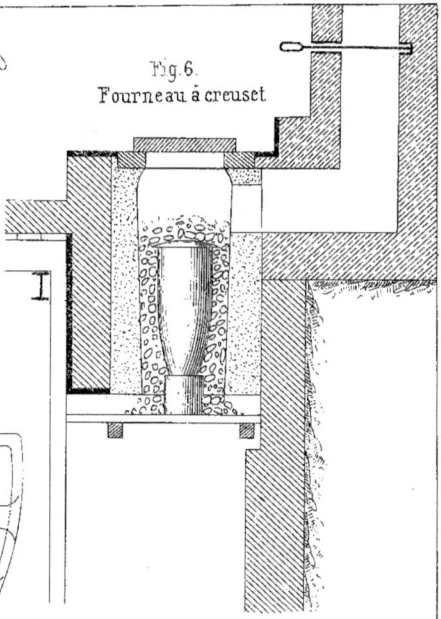

Truelles

Spatules

Fouloirs

Happes de Romilly

Fig. 9.
Moulage en sable $\begin{cases} vert \\ étuvé \end{cases}$

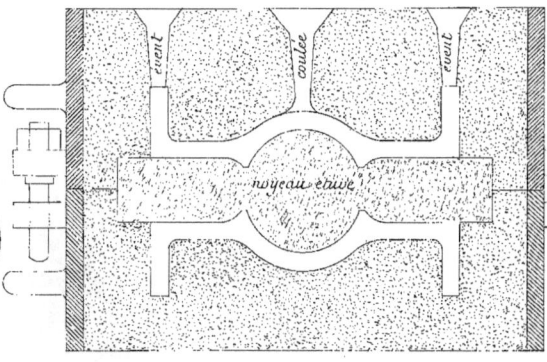

Fig. 10.
Moulage
en coquille

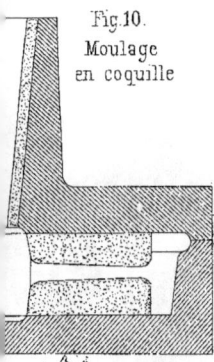

event

coulée

event

noyau étuvé

Imp. Monrocq. Paris.

Fig.1,2,3. Soudure par amorces.

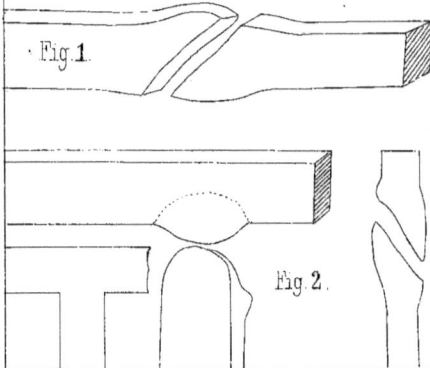

Fig.1.

Fig.2.

Fig.3.

Equerre

Fig.4,5. Soudure en bout.

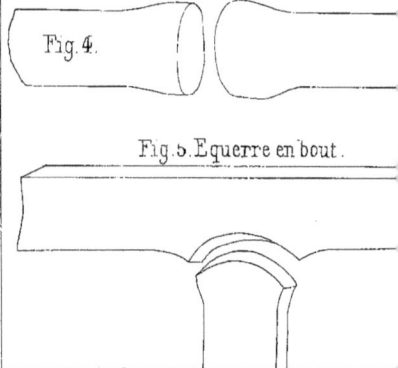

Fig.4.

Fig.5. Equerre en bout.

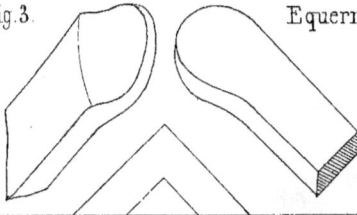

Fig.6. Soudure à enfourchement.

Fig.8. Mise d'acier en fanton.

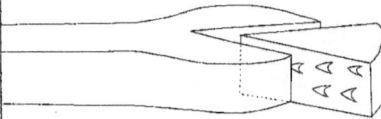

Fig.7. Mise d'acier en ployon.

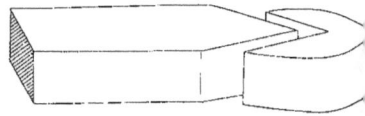

Fig.9. Mise d'acier en bout.

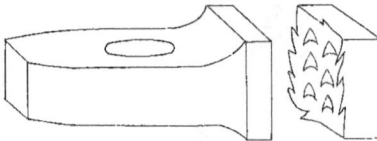

Fig.10. Mise d'acier en planches.

Pl. IV.

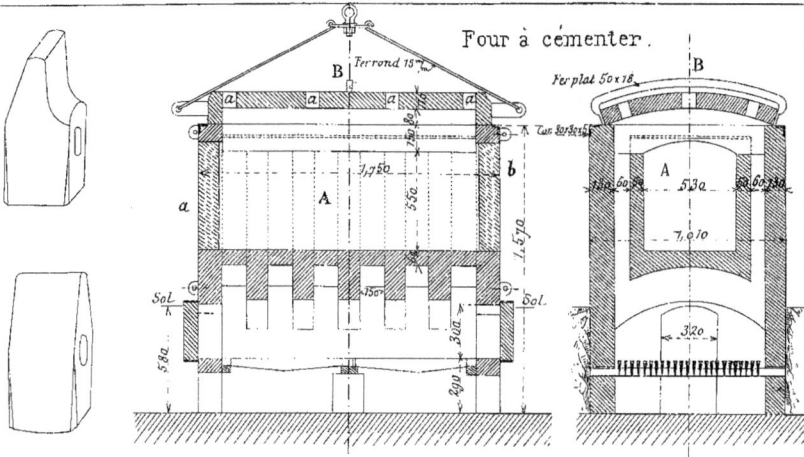

Four à cémenter.

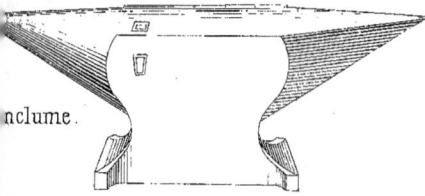

Enclume.

Tenailles

Chasse à parer

Dégorgeoir

Tranche.

Etampe pour pans

Tranchet.

Imp. Monrocq. Paris.

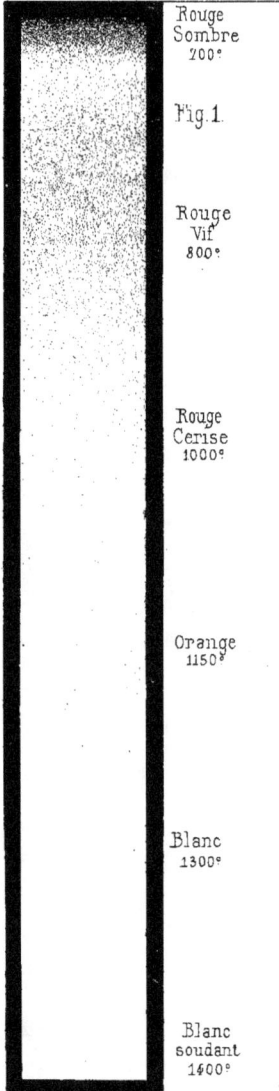

Rouge
Sombre
700°

Fig.1.

Rouge
Vif
800°

Rouge
Cerise
1000°

Orange
1150°

Blanc
1300°

Blanc
soudant
1400°

Fig 2.

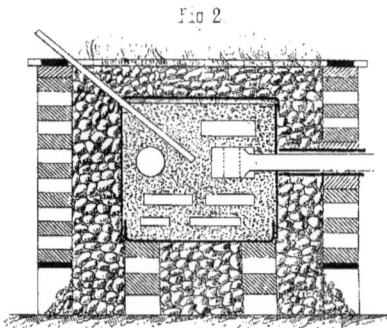

Trempe au paquet

Fig 5.

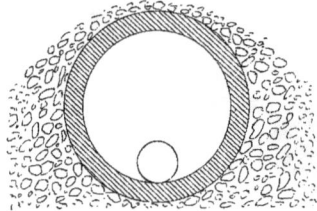

Recuit en moufle.

Fig. 8.

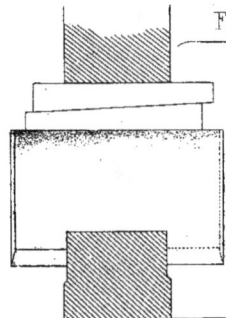

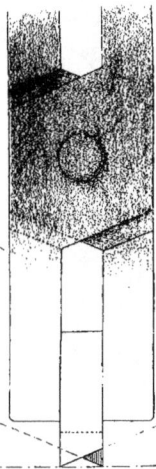

J. BUCHETTI, Auteur et Editeur

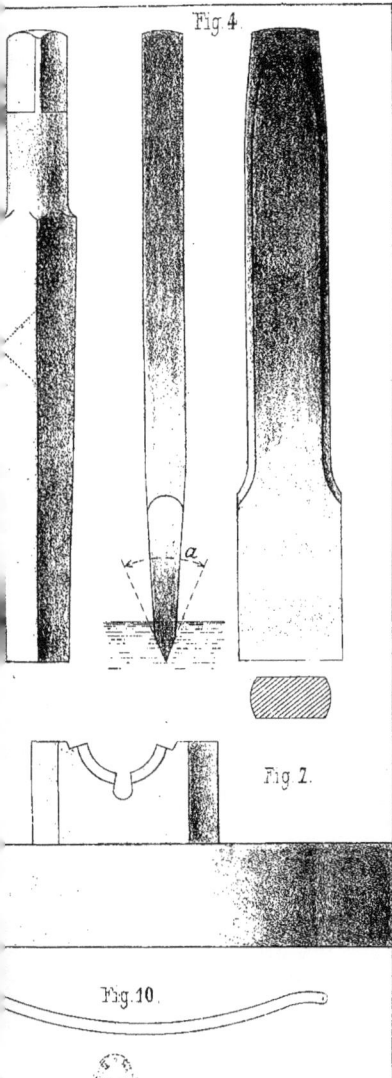

Fig 4.

Fig 2.

Fig. 10.

Fig. 3

## Couleurs de Recuit

| | Élasticité | 316° |
|---|---|---|
| | Ressorts | |
| | Outils de forge | |
| | Bouterolles. | |
| Outils à bois | Scies à bois. | 295° |
| | Scies pour ivoire | |
| | Lames de cisailles crd^res | |
| | Outils de mine | 280° |
| | Outils à pierres | |
| | Mèches à métaux. | |
| | Burins à fonte fcr. | |
| Outils à métaux. | Poinçons matrices. | 260° |
| | Mèches, lames d'alésage. | |
| | Alésoirs à mains. | |
| | Grandes fraises | |
| | Tarauds et coussinets | |
| | Peignes. | |
| | Outils de tours | |
| | Outils de raboteuses, etc. | 240° |
| | Burins à acier | |
| | Petites fraises. | |
| | Petits outils à métaux | |
| | Rasoirs. | |
| | Outils de graveurs sur acier | |
| | Dureté | 220° |

Imp. Monrocq. Paris.

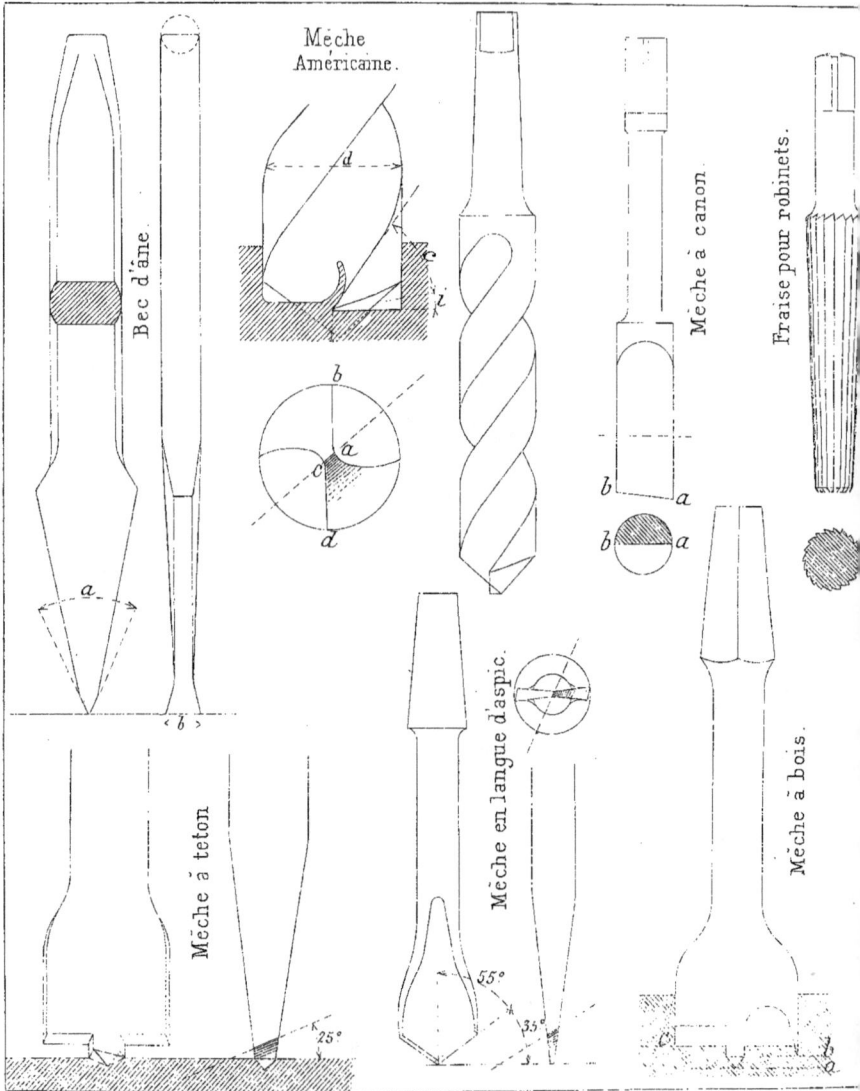

OUTILS A PERCER.

Bec d'âne.

Mèche
Américaine.

Mèche à canon.

Fraise pour robinets.

Mèche à teton

Mèche en langue d'aspic.

Mèche à bois.

J. BUCHETTI. Auteur et Éditeur

# OUTILS A TARAUDER.

Pl. VI

Filière à 2 vis
ordinaire.

*a*

Taraud aléseur

$D$

$70 \times D$

Longueur totale

Fraise

$0.4 D$

$D$

$4 D$

Taraud
mère

$\leftarrow D \rightarrow$

$D+h$

*h*

Série
pour
trous borgnes

$D$

$2 D$

$D$

$4 D$

1
2
3

Filière Whitworth.

Coupe de la filière ordinaire.

Platine *a*

*b*

*c*

Coussinet
A

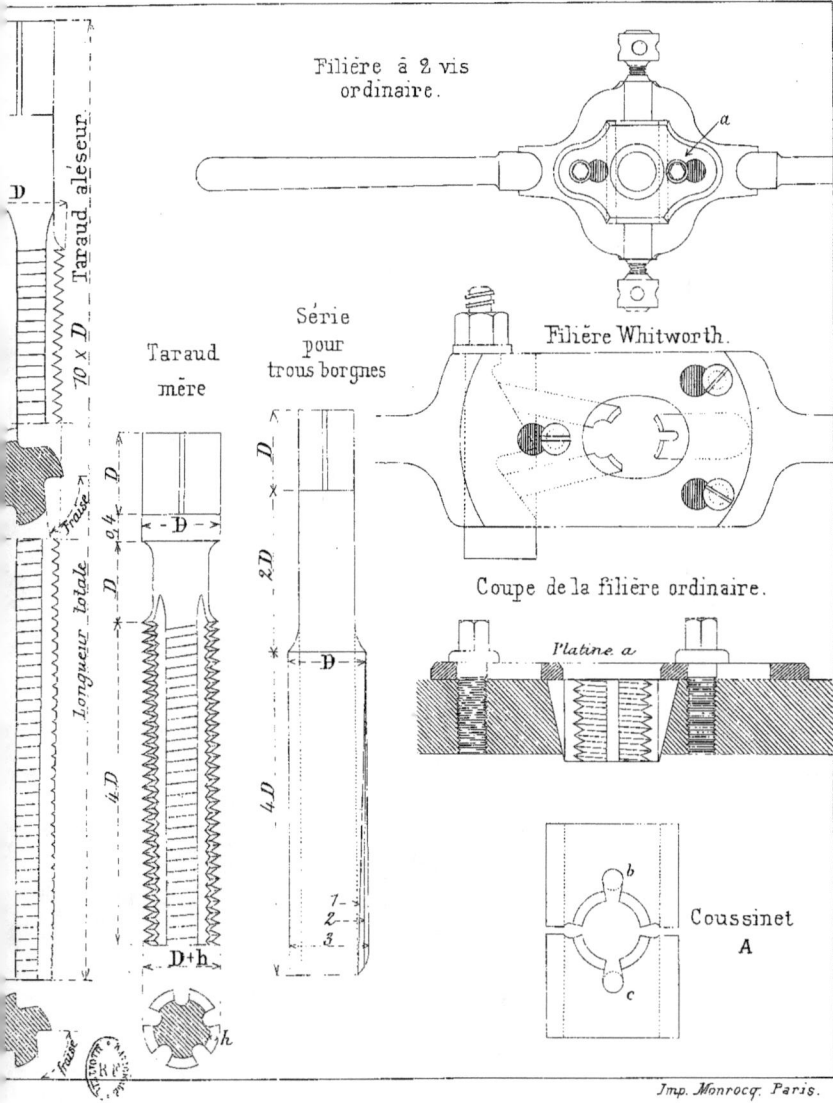

Imp. Monrocq. Paris.

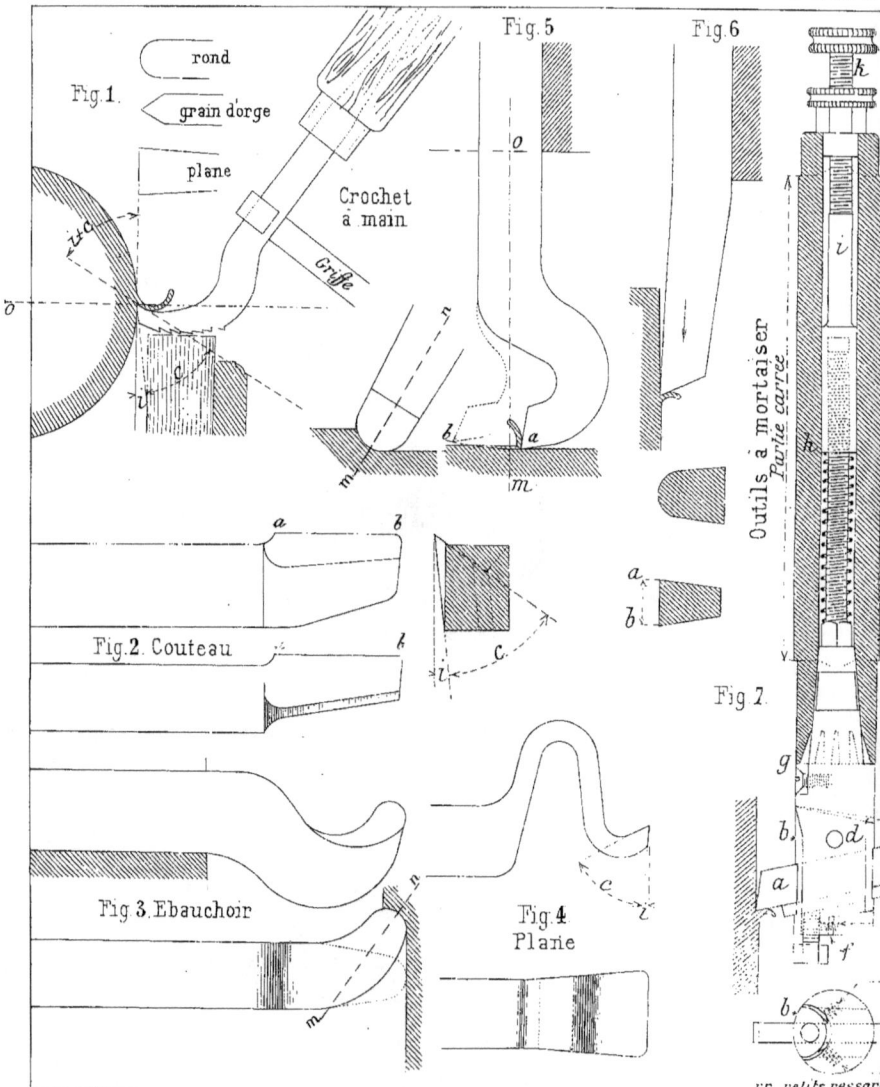

Fig.1.

rond

grain d'orge

plane

Crochet à main

Griffe

Fig.5

Fig.6

Outils à mortaiser
Partie carrée

Fig.2. Couteau

Fig.3. Ebauchoir

Fig.4
Plane

Fig.7

rr petits ressorts

J. BUCHETTI Auteur et Editeur

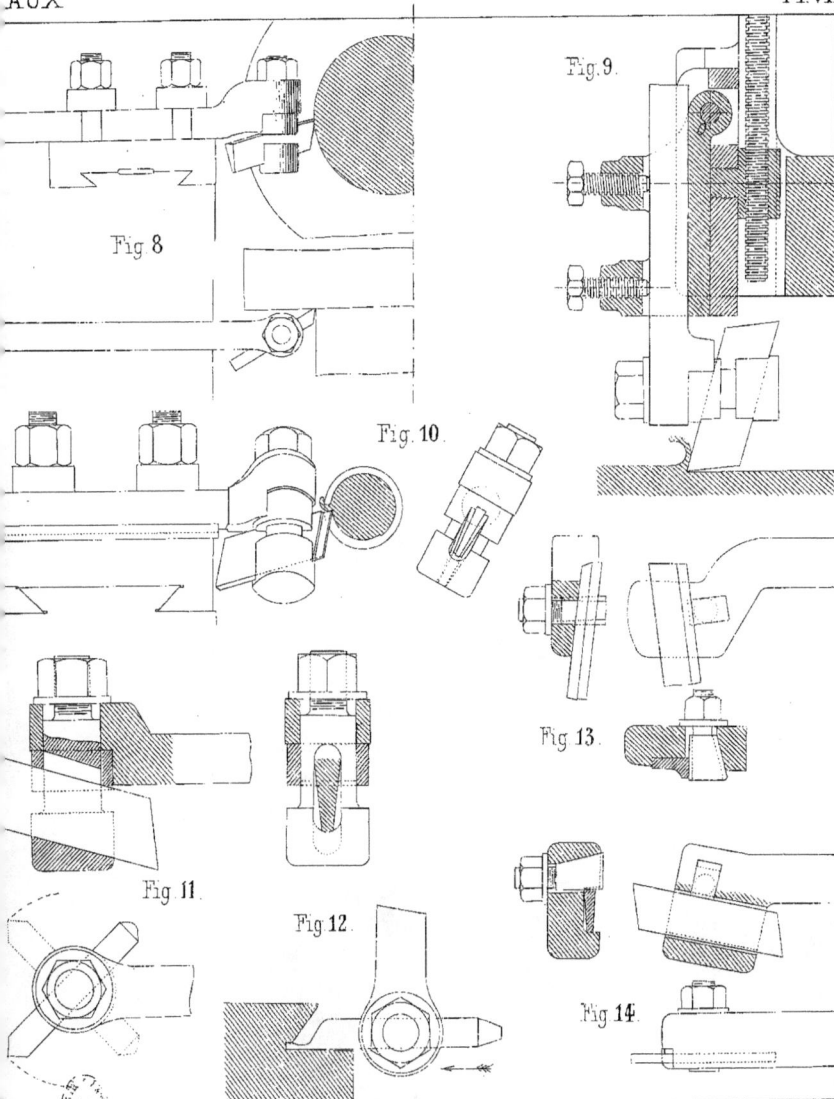

Fig. 8

Fig. 9

Fig. 10

Fig. 11

Fig. 12

Fig. 13

Fig. 14

Imp. Monrocq. Paris.

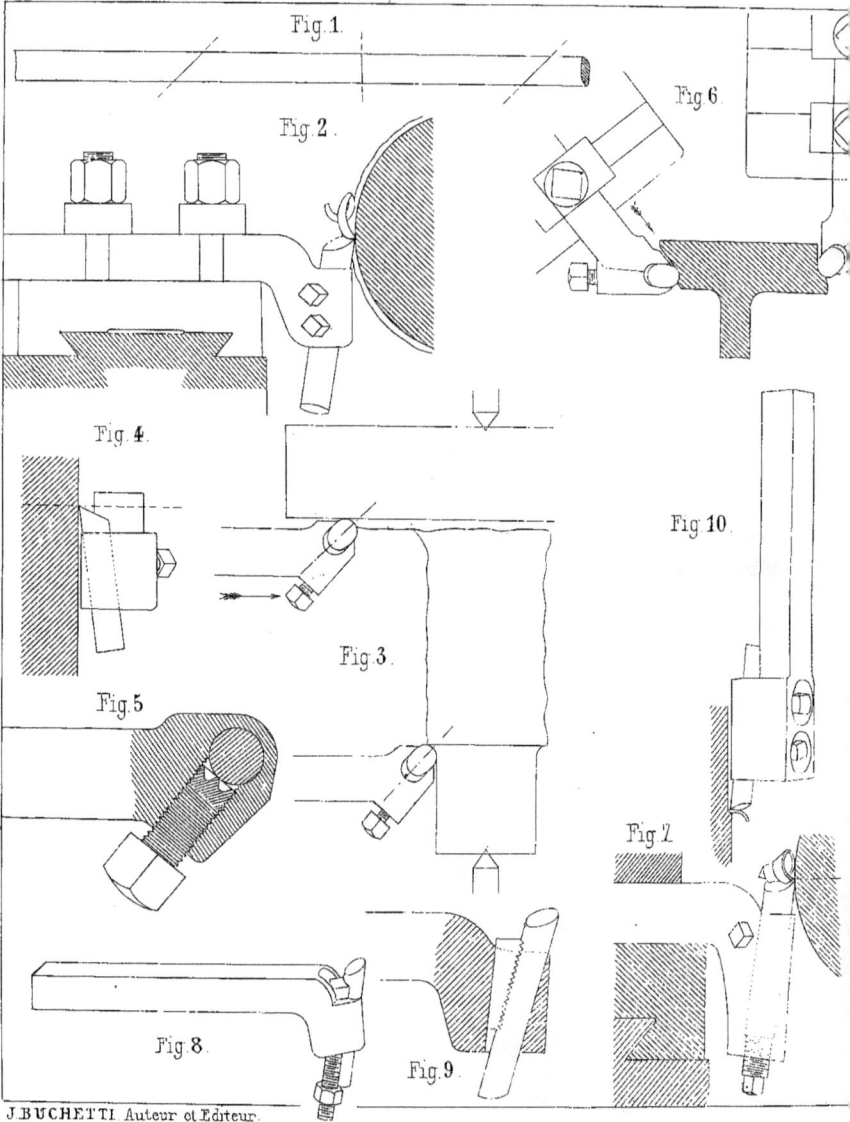

Fig. 1.

Fig. 2.

Fig 6.

Fig. 4.

Fig 10.

Fig. 3.

Fig. 5.

Fig 7.

Fig. 8.

Fig. 9.

J. BUCHETTI. Auteur et Editeur.

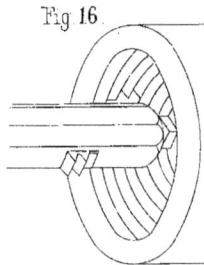

Fig. 16.

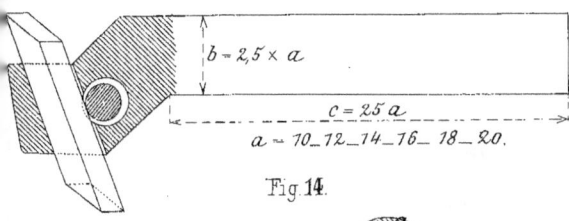

$b = 2,5 \times a$

$c = 25\, a$

$a = 10\_12\_14\_16\_18\_20.$

Fig. 14.

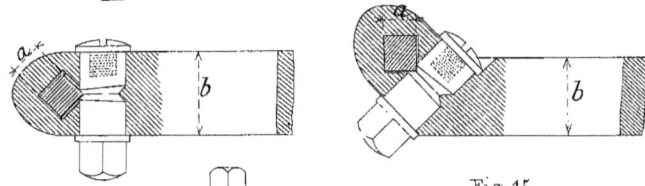

$b$

$b$

Fig. 15.

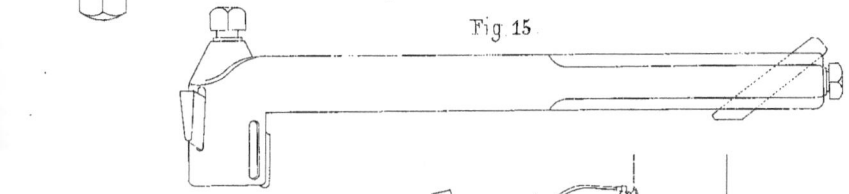

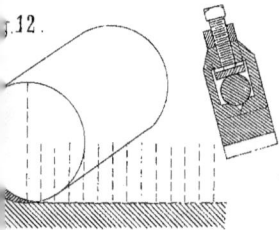

Fig. 12.

Fig. 13.

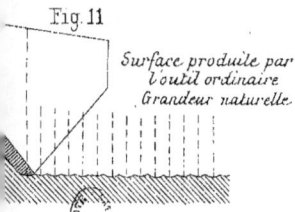

Fig. 11

Surface produite par
l'outil ordinaire
Grandeur naturelle.

Imp. Monrocq. Paris.

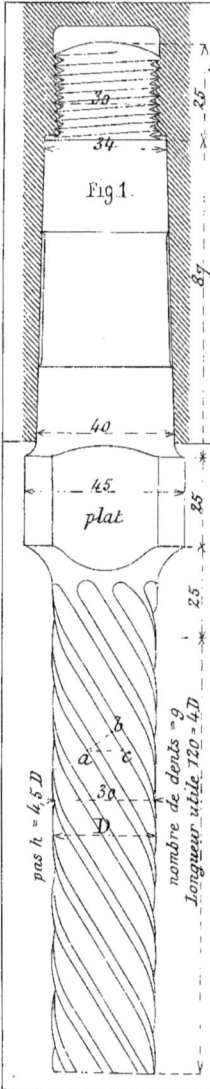

Fig.1.

pas h = 4,5 D

nombre de dents = 9
longueur utile 720 = 4D

Fig.3.

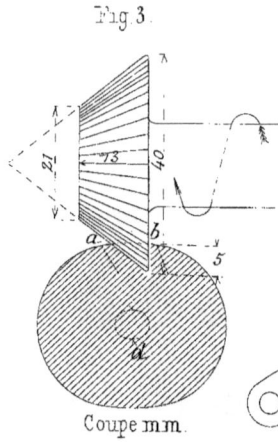

Coupe mm.

Fig.2.

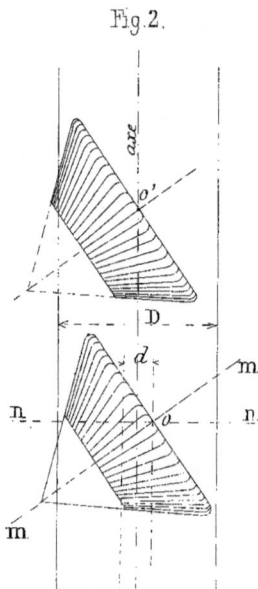

Fig 4

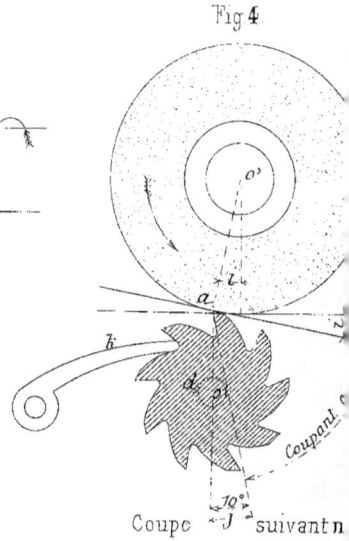

Coupe J suivant n

Fig 5

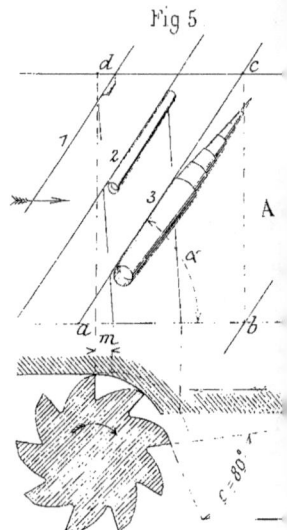

A

J.BUCHETTI Auteur et Editeur.

Fig.7.
ectification d'un alésage.

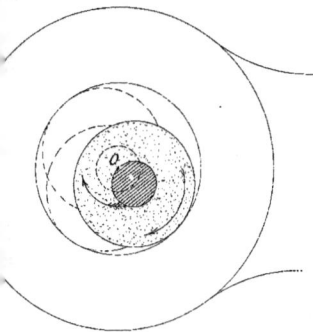

Fig.9.

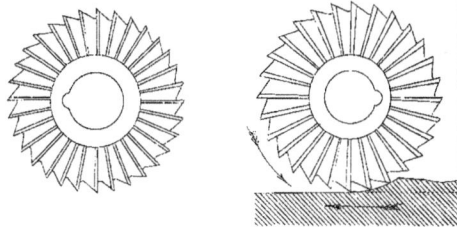

Cylindrique à 3 tailles

Cylindrique à 2 tailles

Fig.8.

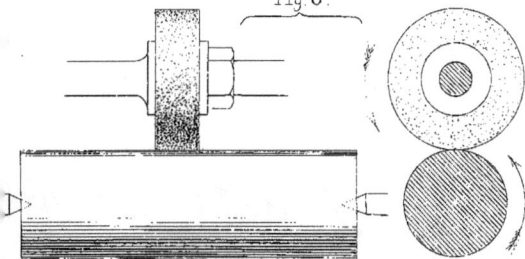

Cylindrique à 4 tailles

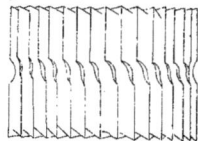

Fig.10.

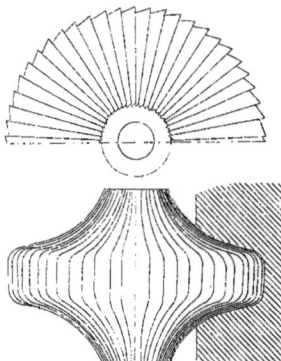

Fig.6

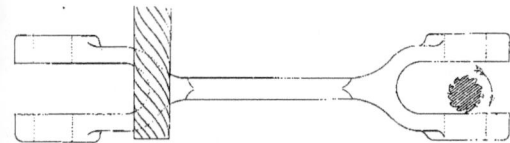

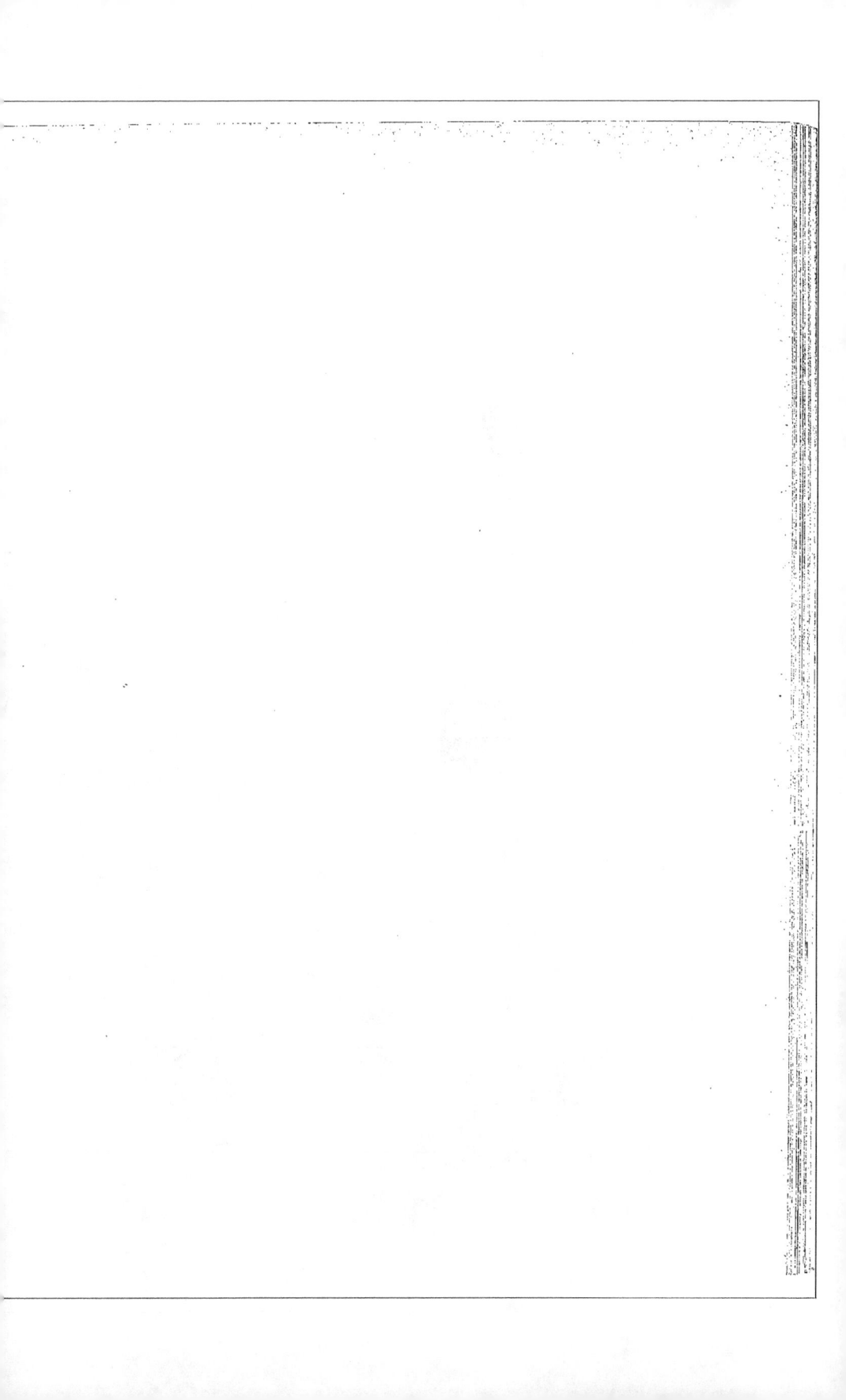

Fig.1. Four a Rivets.
de M<sup>r</sup> Sayn.

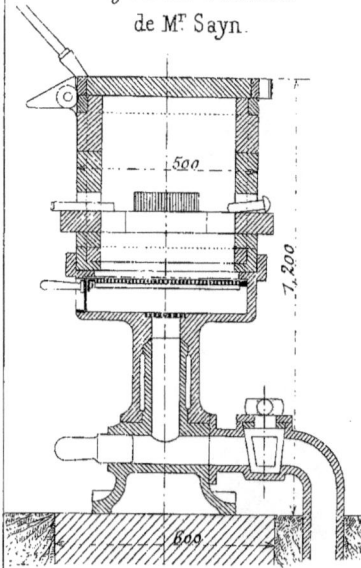

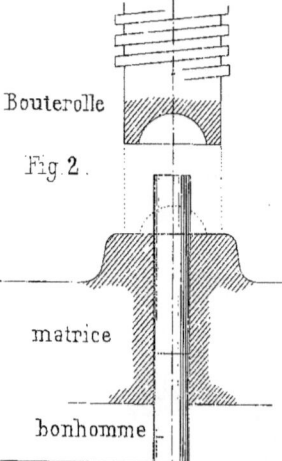

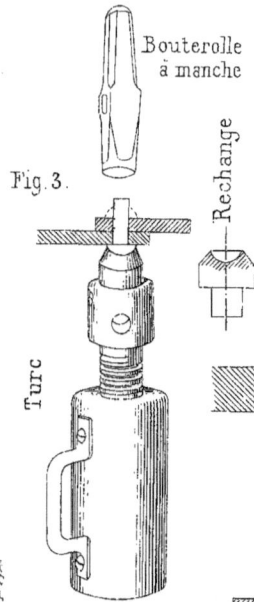

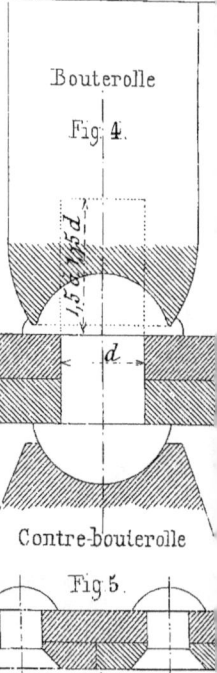

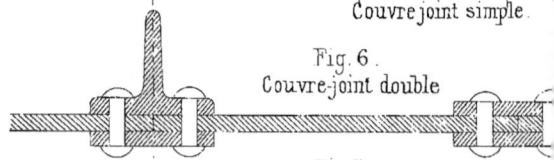

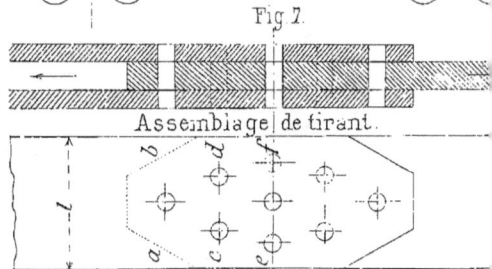

Fig. 3.

Bouterolle
à manche

Rechange

Turc

Bouterolle
Fig. 4.

$1,5$ à $1,5\,d$

$d$

Contre-bouterolle

Fig 5.
Couvre joint simple.

Fig. 6.
Couvre-joint double

Fig. 7.

Assemblage de tirant.

Bouterolle
Fig. 2.
matrice
bonhomme

J.BUCHETTI. Auteur et Editeur.

Fig. 8.
Corniére intérieure.

Fig 9.
Corniére extérieure.

Fig. 10.
Corniére ouverte.

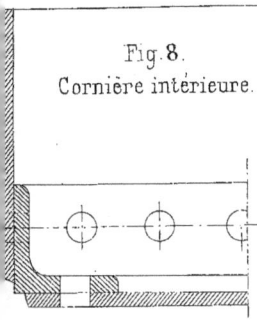
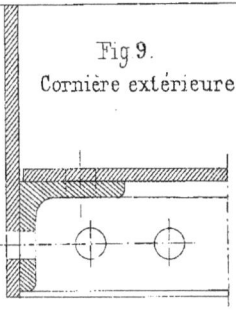
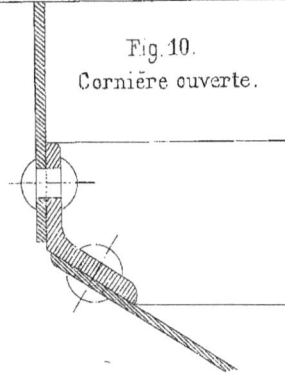

Extremité d'une poutre simple          Fig 11          Coupe a.b.

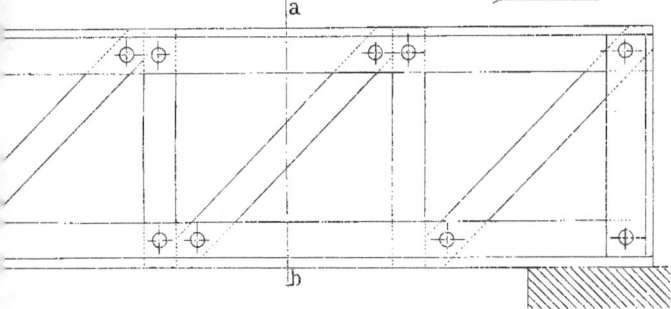

a

b

Fig. 12.

Treillis
de grandes poutres

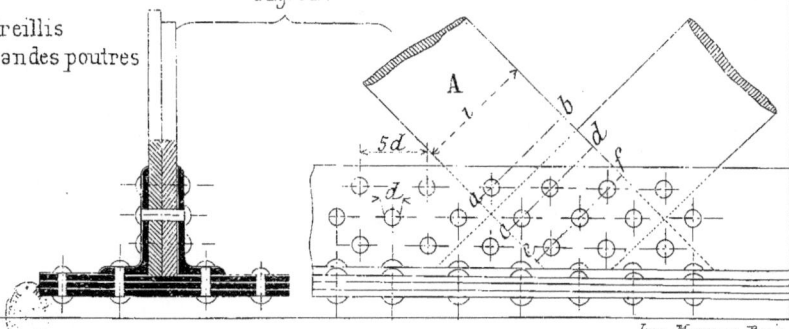

A

5d

Fig. 1.

Mattoir.

Fig. 2.

Fig. 3.

Dudgeon

Six pans

Fig. 6.

$a$

$b$

Coupe $ab$

Fig. 8.

$d$

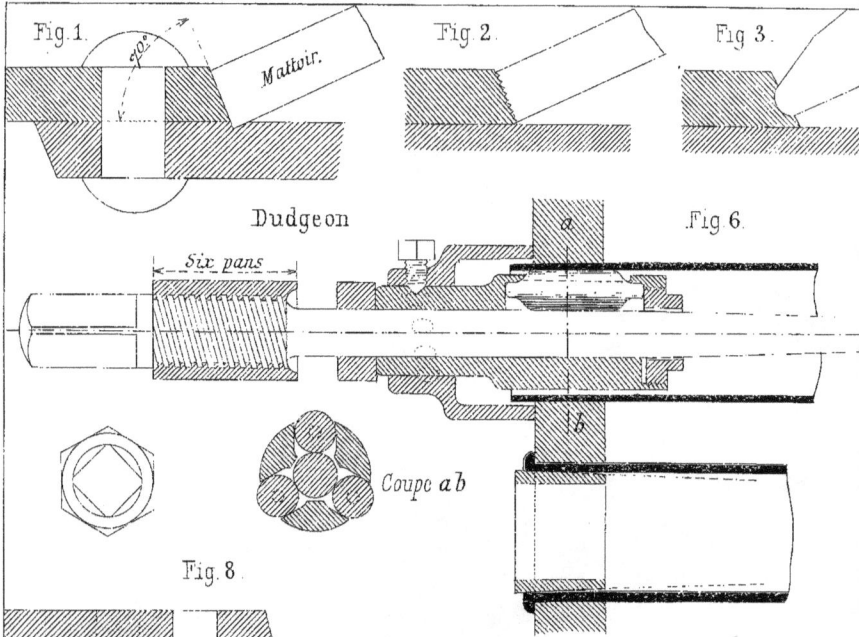

Rivures de générateurs et réservoirs

| Epaisseurs des tôles | | 3 3,5 | 4 5 | 5,5 6,5 | 7 8 | 8,5 9,5 | 10 12 | 13 15 |
|---|---|---|---|---|---|---|---|---|
| Diam. $d = 1$ | | 10 | 12 | 15 | 17 | 19 | 21 | 23 |
| Rivure simple | $a = 2,5$ | 25 | 30 | 38 | 42 | 48 | 52 | 58 |
| | $b = 3,33$ | 34 | 40 | 50 | 56 | 62 | 70 | 76 |
| Rivure double | $a = 3,5$ | 35 | 42 | 53 | 60 | 67 | 74 | 80 |
| | $b = 5,7$ | 52 | 62 | 78 | 86 | 96 | 106 | 118 |
| | $c = 1,75$ | 18 | 22 | 28 | 30 | 34 | 36 | 42 |

$b$

1,66

$d$

$c$

$a$

Fig. 4.

Fig 5.

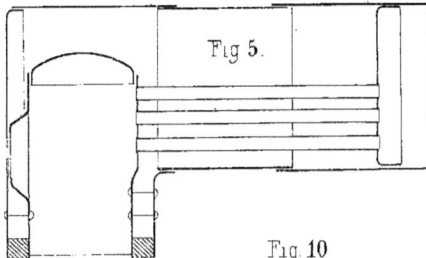

Fig. 9.

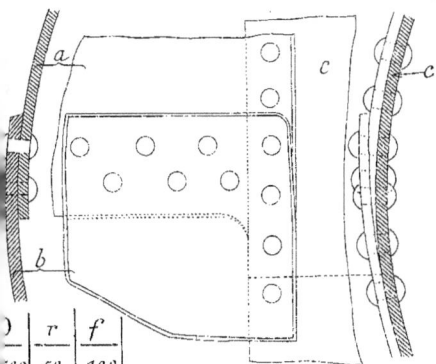

Fig. 10

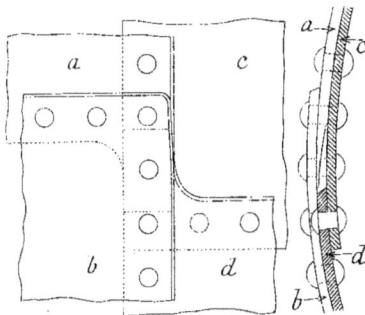

| | $r$ | $f$ |
|---|---|---|
| 500 | 50 | 100 |
| 500 | " | 110 |
| 700 | " | 125 |
| 700 | 60 | 140 |
| 900 | " | 155 |
| 900 | " | 170 |
| 700 | 70 | 185 |
| 200 | " | 200 |
| 300 | " | 215 |
| 400 | 80 | 235 |
| 500 | " | 250 |
| 500 | " | 265 |
| 700 | 90 | 280 |
| 800 | " | 295 |
| 900 | " | 310 |
| 000 | 100 | 320 |

Fig. 11.

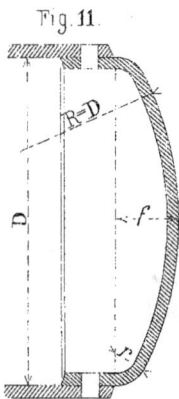

Fig 13

Fig. 12.

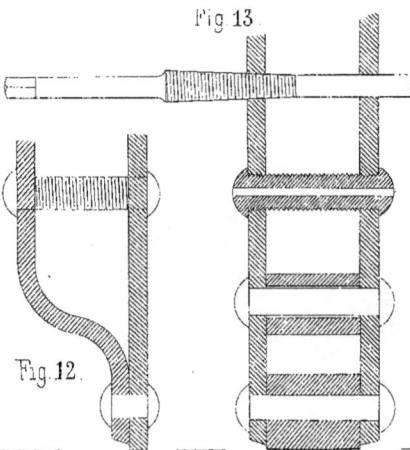

Fig. 2.

b

Riveuse mobile
de Tweddel.

c

↑ *Arrivée*
a

b       c
a

Fig. 1.
d

e

Fig. 3.

Cas
du Rivet
vertical.

f

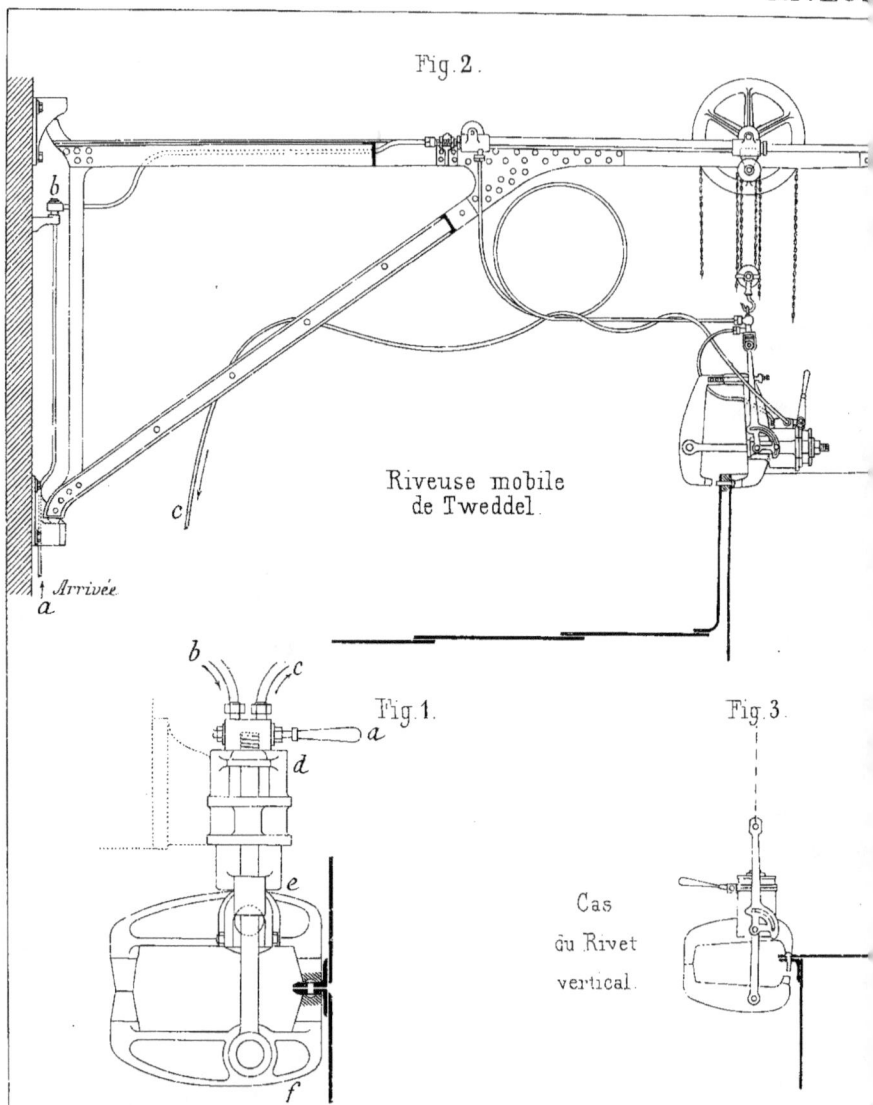

J. BUCHETTI. Auteur et Éditeur.

Fig.4. Machine Husson.

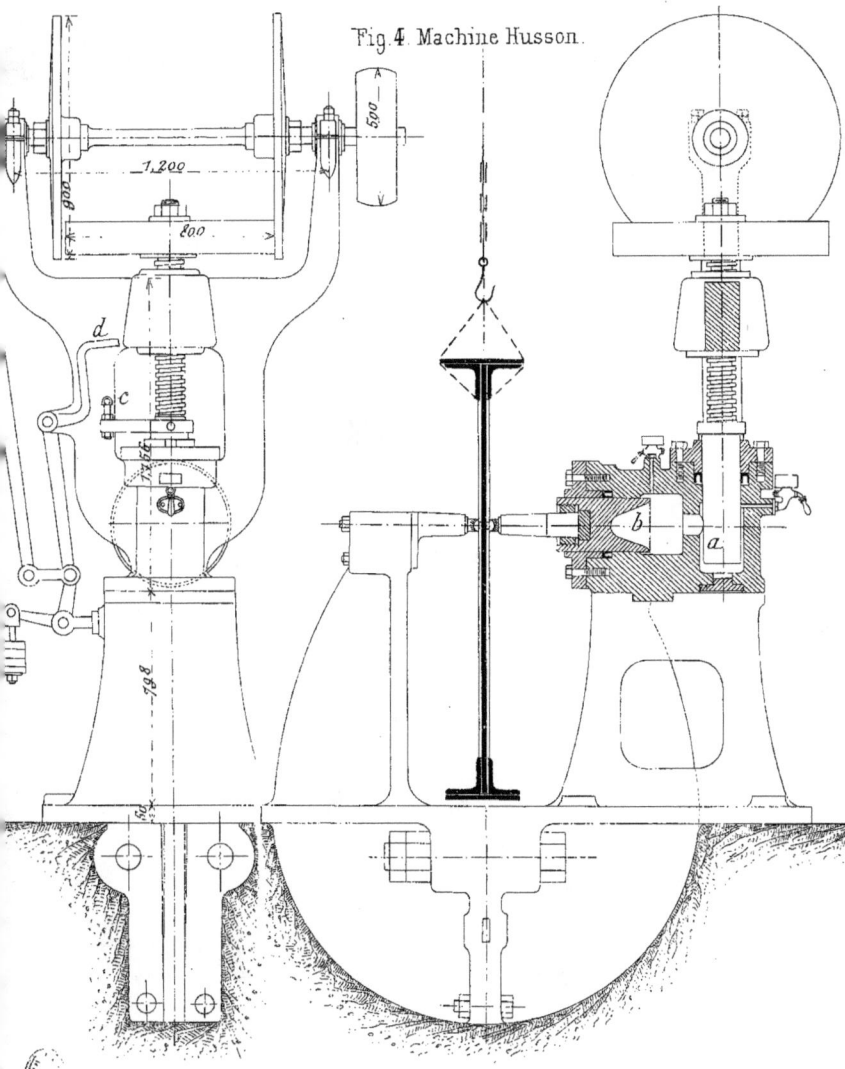

d

c

b

a

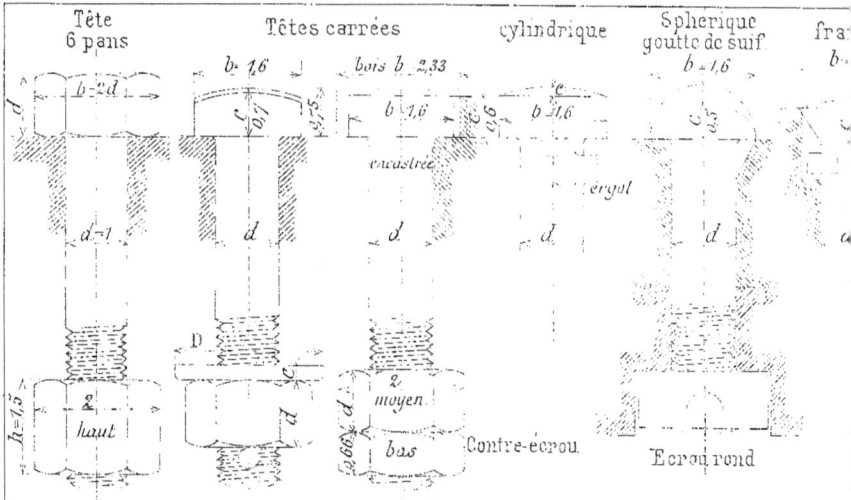

Tête 6 pans — Têtes carrées — cylindrique — Sphérique goutte de suif — fra...

Dimensions des têtes, écrous et rondelles des boulons

| Diamètre des tiges ou des filets | $d$ | 8 | 10 | 12 | 15 | 18 | 20 | 23 | 25 | 28 |
|---|---|---|---|---|---|---|---|---|---|---|
| | $b = 1,6\ d$ | 14 | 16 | 20 | 24 | 28 | 32 | 36 | 40 | 44 |
| | $c = 0,6\ d$ | 5 | 6 | 7 | 9 | 11 | 12 | 14 | 15 | 17 |
| Tête non encastrée | $c = 0,7\ d$ | 6 | 7 | 8 | 10 | 12 | 14 | 16 | 17 | 19 |
| pour bois | $b = 2,33\ d$ | 18 | 24 | 28 | 35 | 42 | 46 | 54 | 58 | 65 |
| | $c = 0,75\ d$ | 6 | 8 | 9 | 12 | 14 | 15 | 18 | 19 | 21 |
| cylindrique et fraisée | flèche $c$ | 1 | 1 | 1 | 2 | 2 | 2 | 3 | 3 | 4 |
| Tête fraisée | $b = 1,7\ d$ | 14 | 17 | 20 | 25 | 30 | 34 | 39 | 42 | 47 |
| | $c = 0,5\ d$ | 4 | 5 | 6 | 7 | 9 | 10 | 11 | 12 | 14 |
| Écrous haut | $h = 1,5\ d$ | 12 | 15 | 18 | 22 | 27 | 30 | 35 | 38 | 42 |
| Écrous bas | $h = 0,66\ d$ | 6 | 7 | 8 | 10 | 12 | 14 | 16 | 17 | 19 |
| Rondelles sur fer | D | 20 | 24 | 28 | 35 | 42 | 46 | 54 | 58 | 66 |
| | e | 2 | 2 | 3 | 3,5 | 4 | 4 | 5 | 5 | 6 |
| Rondelles sur bois | D | 23 | 28 | 34 | 42 | 50 | 56 | 62 | 68 | 76 |
| | e | 3 | 3 | 4 | 4 | 5 | 5 | 6 | 6 | 7 |

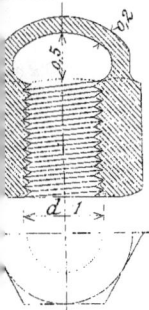

Ecrou borgne – bronze.

Ecrou rond à encoches.

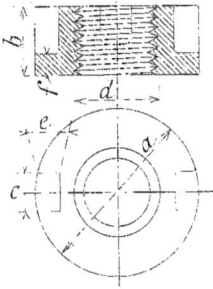

Vis à bois.

Tête à chapeau     Tête carrée

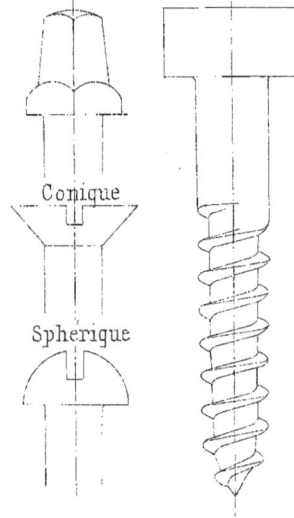

Conique

Spherique

| $d$ | 10 | 12 | 15 | 18 | 20 | 23 | 25 | 28 | 30 | 35 | 40 |
|---|---|---|---|---|---|---|---|---|---|---|---|
| Ecrous $a$ | 23 | 25 | 30 | 37 | 40 | 42 | 45 | 50 | 55 | 60 | 65 |
| ronds $b$ | 9 | 10 | 12 | 15 | 18 | 20 | 23 | 25 | 28 | 30 | 35 |
| à encoches $c$ | 7 | 7 | 8 | 8 | 9 | 9 | 9 | 10 | 10 | 12 | 12 |
| $e$ | 4 | 5 | 5 | 6 | 6 | 6 | 7 | 7 | 8 | 8 | 8 |
| $f$ | 2 | 2 | 3 | 3 | 3 | 4 | 4 | 4 | 4 | 5 | 5 |

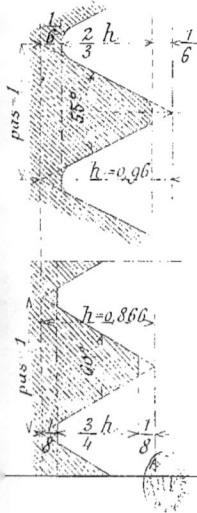

Chemins de fer
Français

Filets

Carré     Rond.     Trapézoïdal

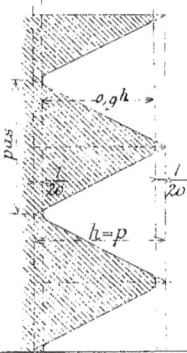

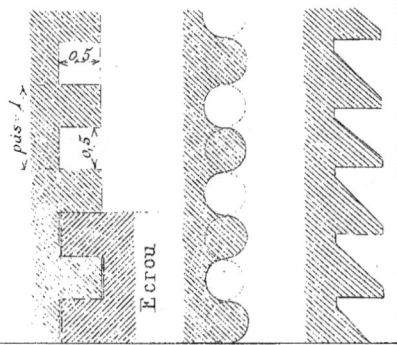

Ecrou

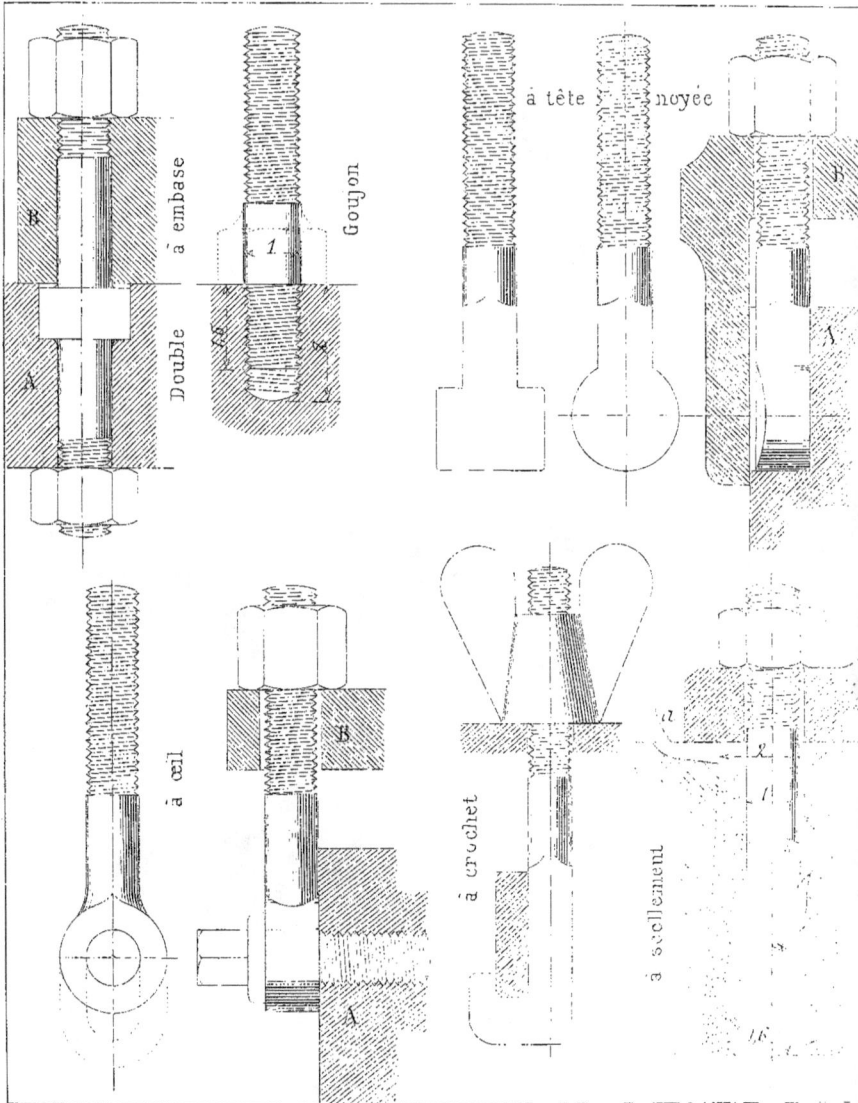

à embase
Double

Goujon

à tête noyée

à œil

à crochet

à scellement

J. DUCHETTI, Auteur et Éditeur.

Boulons de fondation des machines.

| $l$ | 25 | 28 | 30 | 32 | 35 | 38 | 40 | 45 | 50 | 55 | 60 |
|---|---|---|---|---|---|---|---|---|---|---|---|
| $a$ | 38 | 39 | 42 | 45 | 49 | 52 | 55 | 62 | 68 | 74 | 82 |
| $b$ | 66 | 74 | 80 | 86 | 94 | 102 | 108 | 120 | 135 | 146 | 160 |
| $c$ | 7 | 8 | 10 | 10 | 11 | 12 | 12 | 14 | 15 | 17 | 19 |
| $e$ | 5 | 6 | 6 | 7 | 7 | 8 | 8 | 8 | 9 | 9 | 11 |
| | 32 | 35 | 38 | 40 | 44 | 47 | 50 | 56 | 62 | 68 | 73 |
| | 53 | 59 | 66 | 72 | 79 | 86 | 92 | 99 | 112 | 118 | 131 |
| | 40 | 45 | 50 | 55 | 60 | 65 | 70 | 75 | 85 | 90 | 100 |
| | 9 | 10 | 11 | 12 | 14 | 15 | 16 | 17 | 19 | 20 | 22 |
| | 90 | 100 | 106 | 113 | 125 | 133 | 140 | 157 | 173 | 190 | 208 |
| | 45 | 50 | 56 | 61 | 67 | 73 | 78 | 84 | 95 | 100 | 111 |
| | 40 | 43 | 46 | 49 | 55 | 57 | 60 | 67 | 73 | 80 | 88 |
| | 160 | 180 | 200 | 220 | 240 | 260 | 280 | 300 | 320 | 340 | 360 |
| | 120 | 135 | 150 | 165 | 180 | 195 | 210 | 225 | 240 | 255 | 270 |
| | 15 | 16 | 18 | " | 20 | " | 22 | " | 25 | " | 30 |
| | 50 | 55 | 60 | 65 | 70 | 75 | 80 | 85 | 90 | 95 | 100 |

Fig 1.

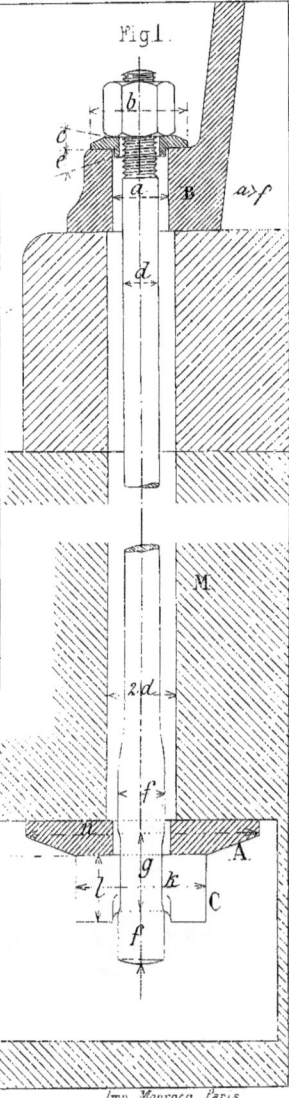

Fig 2.

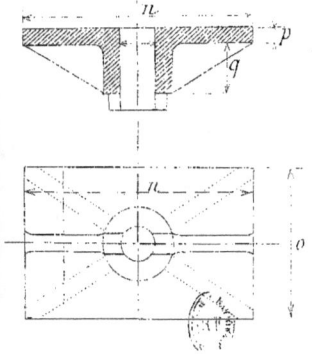

$0,75 n$

# FREINS

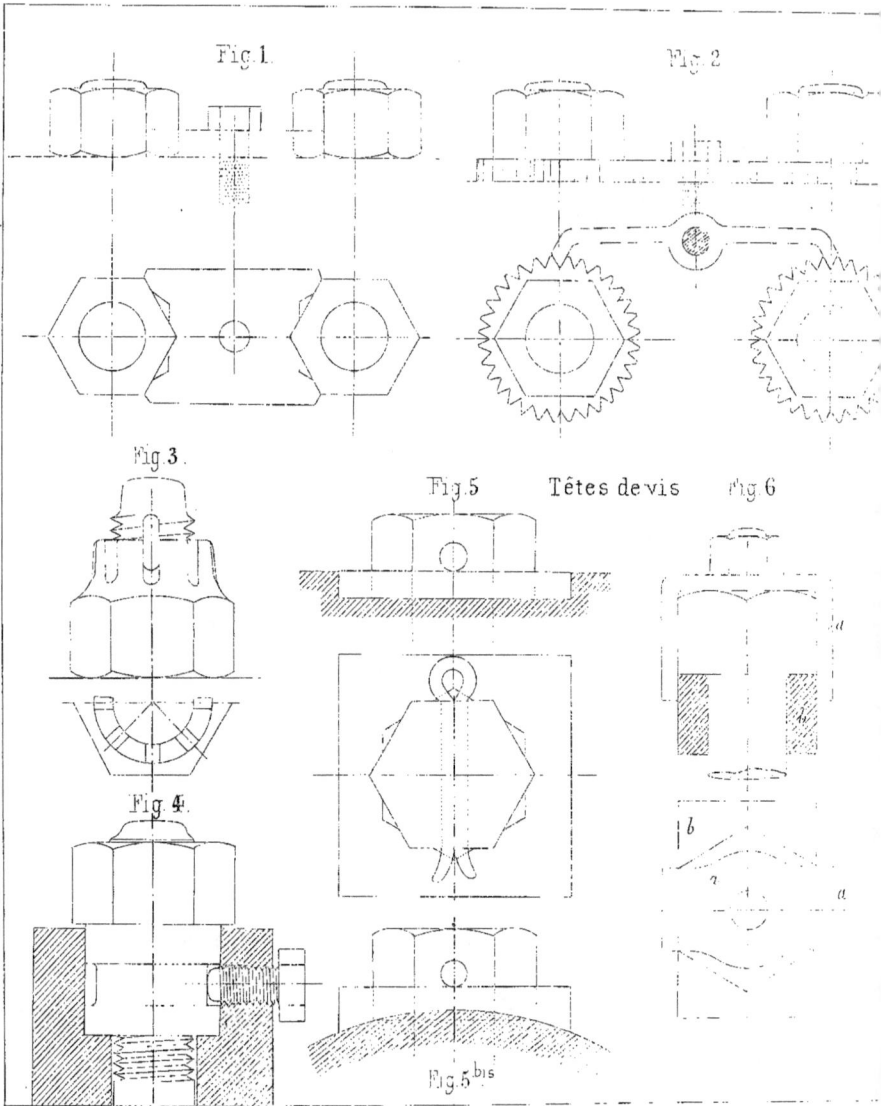

Fig. 1.

Fig. 2

Fig. 3.

Fig. 5    Têtes de vis    Fig. 6

Fig. 4.

Fig. 5<sup>bis</sup>

10. Clef à molette de 25
*Echelle ⅔*

Clef ouverte Fig. 7

Fig 8

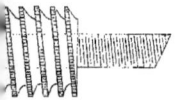

ndeur

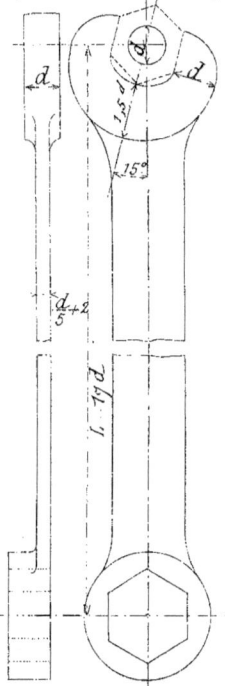

Clef fermée.

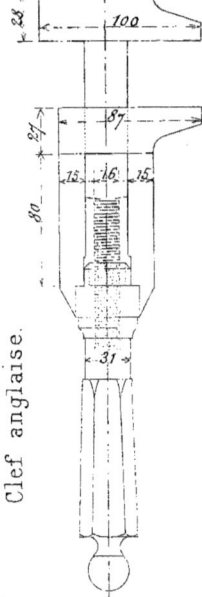

Clef anglaise.

Fig. 9

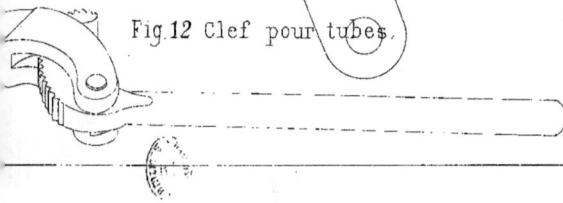

Fig. 12 Clef pour tubes.

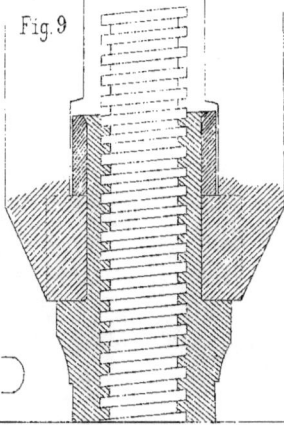

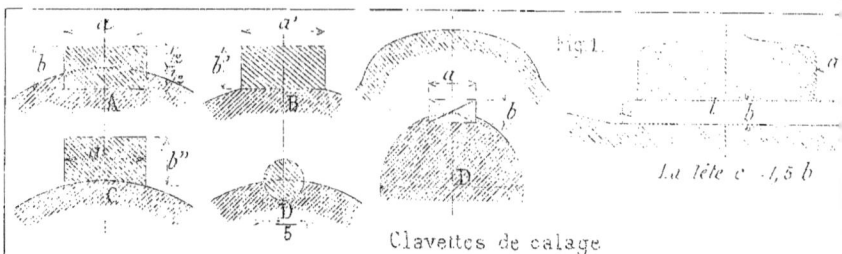

Fig 1.

La tête c = 1,5 b

Clavettes de calage

| D | 40 | 45 | 50 | 55 | 60 | 65 | 70 | 75 | 80 | 85 | 90 | 95 | 100 | 105 | 110 | 115 | 120 | 125 | 130 | 135 |
|---|---|---|---|---|---|---|---|---|---|---|---|---|---|---|---|---|---|---|---|---|
| $a$ | 13 | 14 | 15 | 16 | 17 | 18 | 19 | 20 | 21 | 22 | 23 | 24 | 25 | 26 | 27 | 28 | 29 | 30 | 31 | 32 |
| $b$ | 9 | 10 | 11 | 12 | 12 | 13 | 14 | 14 | 15 | 16 | 17 | 17 | 18 | 19 | 19 | 20 | 21 | 22 | 23 | 24 |
| $a'$ | 13 | 14 | 14 | 15 | 15 | 16 | 16 | 17 | 18 | 18 | 19 | 20 | 20 | 21 | 22 | 22 | 23 | 24 | 24 | 25 |
| $b'$ | 9 | 10 | 10 | 11 | 11 | 12 | 12 | 12 | 13 | 13 | 14 | 14 | 14 | 15 | 16 | 16 | 17 | 17 | 17 | 18 |

Série réduite                                   Autre Série

| D | 20 29 | 30 39 | 40 49 | 50 64 | 65 79 | 80 89 | 90 99 | 100 119 | 120 139 | 140 159 | 160 179 | 180 200 | 30 | 35 45 | 50 60 | 65 70 | 75 80 | 85 90 | 95 100 | 105 125 |
|---|---|---|---|---|---|---|---|---|---|---|---|---|---|---|---|---|---|---|---|---|
| $a$ | 11 | 13 | 14 | 16 | 18 | 21 | 25 | 30 | 35 | 40 | 45 | 50 | 11 | 14 | 16 | 19 | 21 | 23 | 26 | 30 |
| $b$ | 5 | 6 | 7 | 8 | 9 | 10 | 12 | 15 | 18 | 20 | 23 | 25 | 4 | 6 | 7 | 8 | 8 | 10 | 11 | 12 |
| $b''$ | 4 | 5 | 6 | 6 | 7 | 8 | 10 | 12 | — | — | — | — | 5 | 7 | 8 | 10 | 10 | 12 | 13 | 15 |

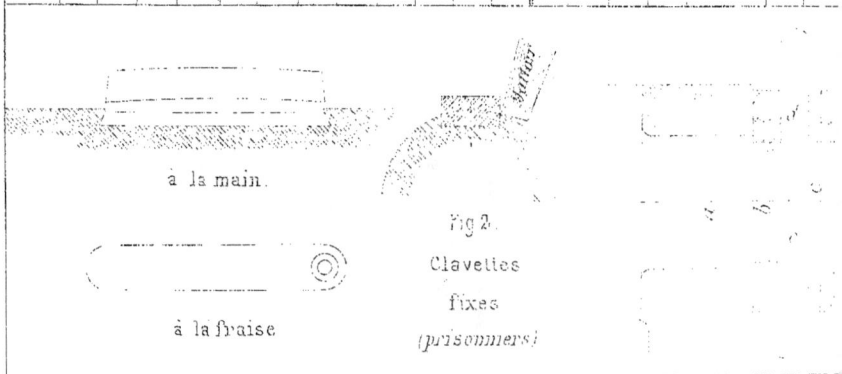

à la main.

à la fraise

Fig 2.

Clavettes

fixes

(prisonniers)

J. BUCHETTI, Auteur et Éditeur

$a = D$
$b = 0,8\,D + 4$
$c = 0,6\,D + 2$
$d = 0,4\,D + 2$
$e = 0,2\,D + 2$
$f = 0,25\,D + 2$
$h\text{-}i = 3\,^{m}/_{m}\ \text{par décim}$
jeu. des mortaises $0,5$ à $3\,^{m}/_{m}$.

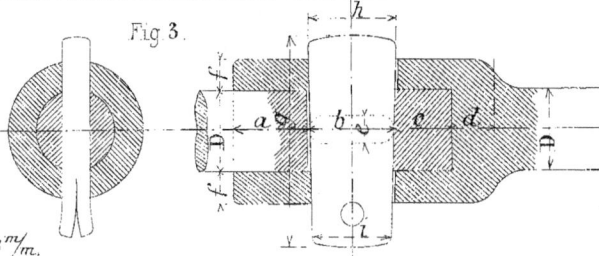

Fig 3.

Clavetages à douille — Tiges rondes.

| D | 10 | 12 | 14 | 17 | 20 | 25 | 30 | 35 | 40 | 45 | 50 | 55 | 60 | 65 | 70 | 75 | 80 | 85 | 90 | 100 |
|---|----|----|----|----|----|----|----|----|----|----|----|----|----|----|----|----|----|----|----|-----|
| a | 10 | 12 | 15 | 18 | 22 | 26 | 32 | 36 | 40 | 42 | 45 | 50 | 54 | 58 | 60 | 63 | 66 | 70 | 72 | 80 |
| b | 12 | 14 | 16 | 18 | 20 | 25 | 30 | 35 | 40 | 44 | 48 | 52 | 56 | 60 | 64 | 68 | 72 | 76 | 80 | 85 |
| c | 8 | 10 | 12 | 15 | 18 | 22 | 26 | 30 | 33 | 36 | 40 | 44 | 46 | 48 | 50 | 52 | 54 | 56 | 58 | 60 |
| d | 5 | 6 | 7 | 8 | 10 | 12 | 14 | 15 | 16 | 17 | 18 | 19 | 20 | 22 | 24 | 25 | 26 | 28 | 30 | 34 |
| e | 3 | 4 | 5 | 6 | 7 | 8 | 9 | 10 | 11 | 12 | 13 | 14 | 15 | 16 | 17 | 18 | 19 | 20 | 21 | 23 |
| f | 4 | 5 | 6 | 7 | 8 | 10 | 11 | 12 | 14 | 15 | 16 | 17 | 18 | 19 | 20 | 21 | 22 | 23 | 24 | 26 |
| g | 25 | 28 | 32 | 36 | 40 | 50 | 60 | 70 | 80 | 90 | 100 | 110 | 120 | 130 | 140 | 150 | 160 | 170 | 180 | 210 |

Rondelle goupillée.

| a | b | c | d | e |
|----|----|----|----|----|
| 22 | 20 | 40 | 16 | 5 |
| 25 | 23 | 42 | " | " |
| 28 | 25 | 46 | 18 | 6 |
| 32 | 28 | 50 | " | " |
| 36 | 36 | 55 | 20 | 7 |
| 40 | 32 | 60 | " | 8 |
| 45 | 36 | 65 | 22 | 8 |
| 50 | 40 | 70 | " | 9 |
| 55 | 45 | 75 | 24 | 9 |
| 60 | 50 | 80 | " | 10 |

Goupille de montage.

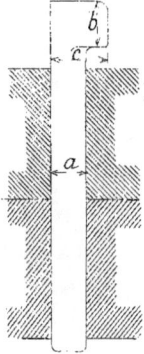

Fig.5

| a | b | c |
|----|----|----|
| 8 | 10 | 14 |
| 10 | 12 | 16 |
| 12 | 15 | 20 |
| 15 | 18 | 25 |
| 18 | 20 | 30 |
| 20 | 22 | 35 |
| 23 | 25 | 40 |
| 25 | 28 | 42 |
| 28 | 30 | 46 |
| 30 | 32 | 50 |

Imp. Monrocq. Paris

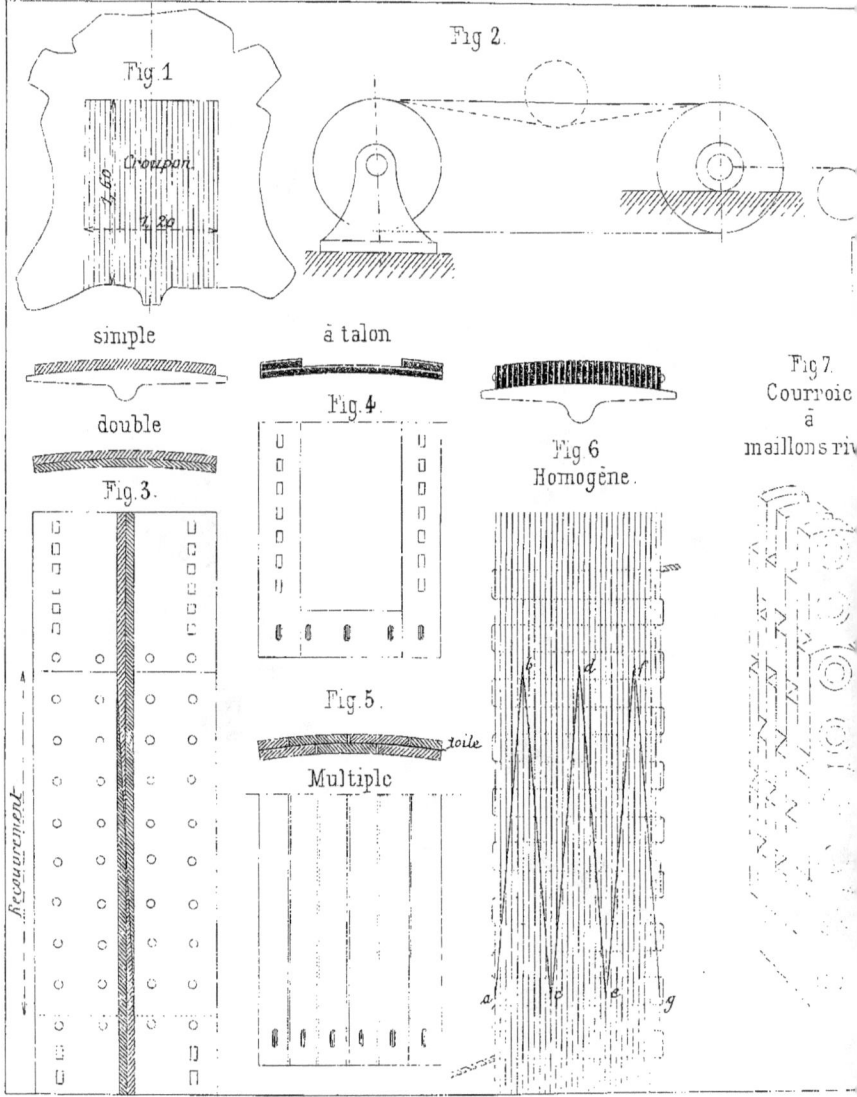

Fig 1.

Croupon

2.60

1.20

Fig 2.

simple

à talon

double

Fig. 3.

Fig. 4.

Fig. 5.

toile

Multiple

Fig 6
Homogène.

Fig 7.
Courroie
à
maillons riv

Recouvrement

Fig.8. Plaquettes à 2 vis.

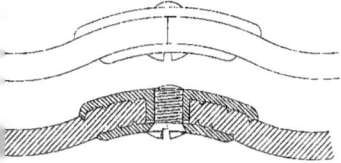

Fig.9.Boulons.

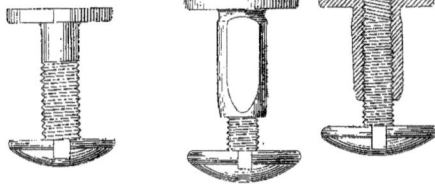

Fig. 10. Attaches en laiton.   Scellos      10 bis

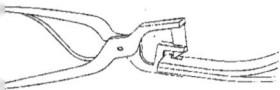

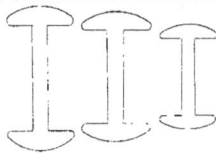

Fig. 11. Attache à broche.

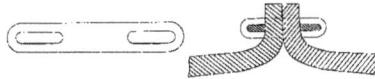

Fig.13.
Tendeur

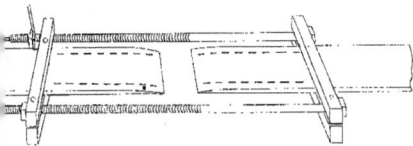

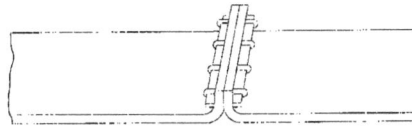

Fig. 12. Attache à crochets.

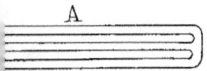

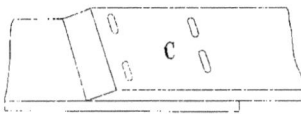

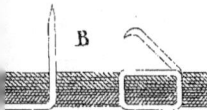

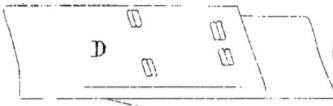

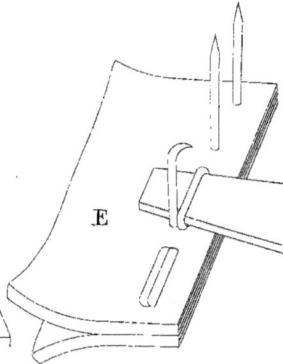

A

C

B

D

E

# CATALOGUE

# OUVRAGES

SUR

## L'ART DU CONSTRUCTEUR

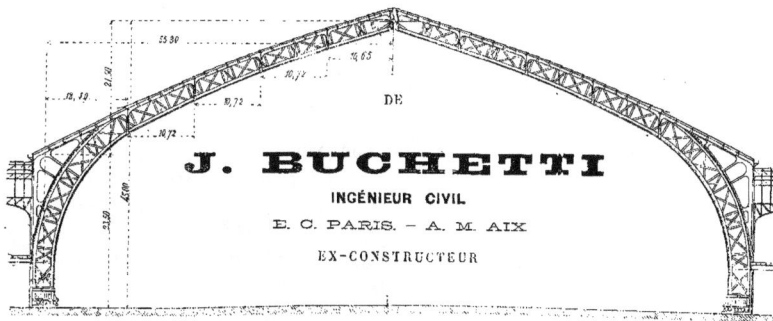

DE

## J. BUCHETTI

INGÉNIEUR CIVIL

E. C. PARIS. — A. M. AIX

EX-CONSTRUCTEUR

**Envois *franco*, contre mandat sur Paris.**

Adresse

actuelle :

## 92, BOULEVARD SAINT-GERMAIN (CLUNY)

### PARIS

L'Accueil flatteur que les Constructeurs ont fait à nos ouvrages, leur empressement à répondre à nos demandes de renseignements, enfin la confiance dont plusieurs maisons importantes nous ont honoré, nous encouragent puissamment à poursuivre notre œuvre sur :

## L'Art du Constructeur

Ces ouvrages ont été distingués de ceux en apparence similaires : par l'étendue des renseignements de la dernière actualité; par l'exposé simple, mais complet, des méthodes de calcul, analytiques ou graphiques, actuellement connues; enfin et surtout par les notions et données de la pratique et par les détails de construction.

Ces caractères pratiques, qui ont assuré le succès de nos ouvrages, nous les développerons dans les éditions et ouvrages nouveaux.

Figure extraite de l'ouvrage *Les Machines à vapeur à l'Exposition de 1889.*

# GUIDE POUR L'ESSAI DES MACHINES

### DEUXIÈME ÉDITION

REVUE ET AUGMENTÉE D'UN CHAPITRE

SUR LES

## DYNAMOMÈTRES DE ROTATION

Un volume in-8°, avec 180 figures,
dont 27 planches.

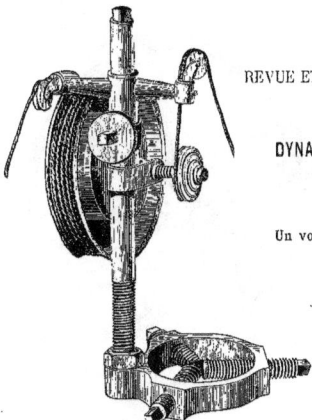

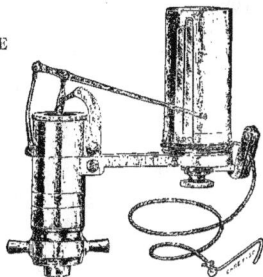

CARTONNÉ :

## Prix: 15 francs.

# TABLE DES MATIÈRES

# LES MACHINES A VAPEUR ACTUELLES

## TRAITÉ COMPLET DE LA CONSTRUCTION DE TOUS LES SYSTÈMES DE MACHINES

LE CALCUL DE LEURS ORGANES

AU POINT DE VUE DE LA PUISSANCE A DÉVELOPPER,

DE LA RÉGULARITÉ DU MOUVEMENT

ET DE LEUR RÉSISTANCE PROPRE

TEXTE de 270 pages in-4°

170 figures

et 13 petites planches

ALBUM de 62 planches,

in-f° en carton.

PRIX : 60 fr.

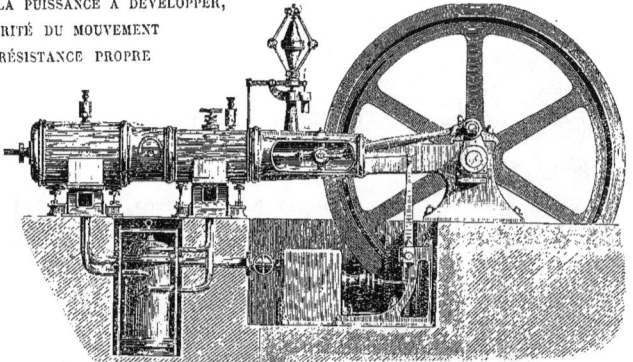

## TABLE DES MATIÈRES

# LES MACHINES A VAPEUR ACTUELLES

## Supplément

## MACHINES SIMPLES, COMPOUND; A TRIPLE EXPANSION
### A VITESSE NORMALE, A GRANDE VITESSE

Texte in-4° et album de vingt planches. — Prix : 30 francs.

MACHINE A GRANDE VITESSE, SYSTÈME ARMINGTON & SINS

Cet ouvrage complète le précédent si favorablement accueilli par les constructeurs.

Les planches inédites, dessinées et corrigées avec le plus grand soin, se rapportent surtout aux machines Compound et à triple expansion, créées récemment.

## TABLE

# LES MACHINES A VAPEUR

## A L'EXPOSITION UNIVERSELLE

DE

### PARIS 1889

**TEXTE** in-4°, de XVIII et 143 pages avec 53 figures dont 4 phototypies in-4°.

**ALBUM** in-f°, de 40 planches, en carton.

## PRIX : 50 francs

Cet ouvrage ne fait aucun double emploi avec les précédents. Il se distingue essentiellement de ce qui a été publié, depuis son apparition, sur l'exposition, par les épures des distributions, les détails de construction et l'étude pratique de ces machines à tous les points de vue intéressant le constructeur.

# TABLE DES MATIÈRES

Ouvrages de J. BUCHETTI. — 92, boulevard Saint-Germain. — Paris.

# MANUEL DES CONSTRUCTIONS MÉTALLIQUES ET MÉCANIQUES

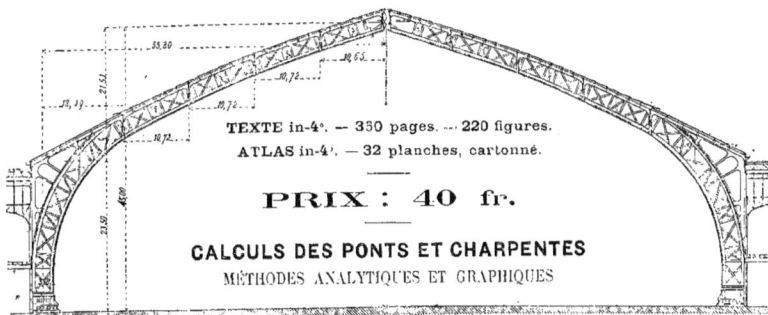

TEXTE in-4°. — 350 pages. — 220 figures.
ATLAS in-4°. — 32 planches, cartonné.

## PRIX : 40 fr.

### CALCULS DES PONTS ET CHARPENTES
MÉTHODES ANALYTIQUES ET GRAPHIQUES

## EXTRAIT DE LA TABLE

# LES MOTEURS HYDRAULIQUES ACTUELS
## ROUES ET TURBINES

TEXTE IN-4° ET ALBUM DE 40 PLANCHES

**TRAITÉ COMPLET**
DE LA CONSTRUCTION
**DE CES MOTEURS**

CALCULS ET TRACÉS
PRATIQUES
**DES TURBINES**
à réaction, à action.

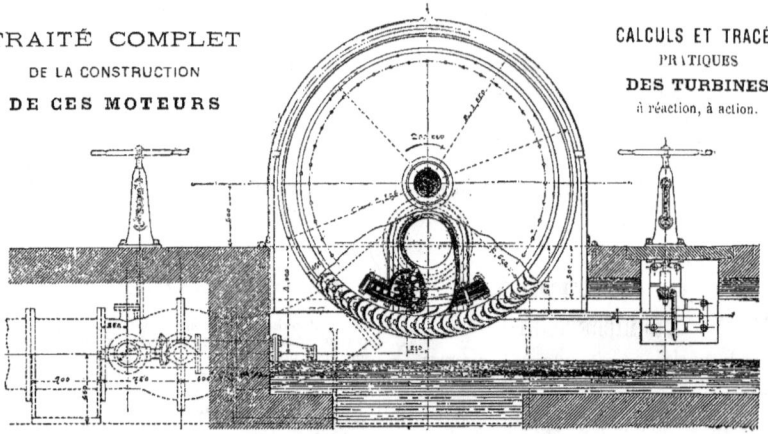

**LES GÉNÉRATEURS ACTUELS | ALBUM DE CHARPENTES**

# LES APPAREILS A EAU COMPRIMÉE

OUTILLAGE DES PORTS, NAVIRES, GARES, MAGASINS, ATELIERS, ETC.

Accumulateurs, Grues, Élévateurs, Treuils, Cabestans, etc., etc.

# LES ORGANES DES TRANSMISSIONS
## PALIERS, CHAISES, MANCHONS, EMBRAYAGES, POULIES, ENGRENAGES

# LES ORGANES DES MACHINES A VAPEUR, POMPES, SOUFFLERIES, ETC.
CONSTRUCTION, CALCULS DES DIMENSIONS, PROPORTIONS ET SÉRIES

Nous prions les Constructeurs qui auraient des renseignements à nous communiquer, sur ces appareils et organes, de nous en adresser les dessins. Il en sera accusé réception.
**92, boulevard Saint-Germain, Paris.**

IMPRIMERIE CHAIX, RUE BERGÈRE, 20, PARIS. — 514-1-91.

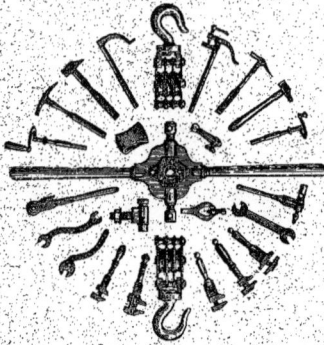

IMPRIMERIE CHAIX. — RUE BERGÈRE, 20, PARIS. — 816-1-91.

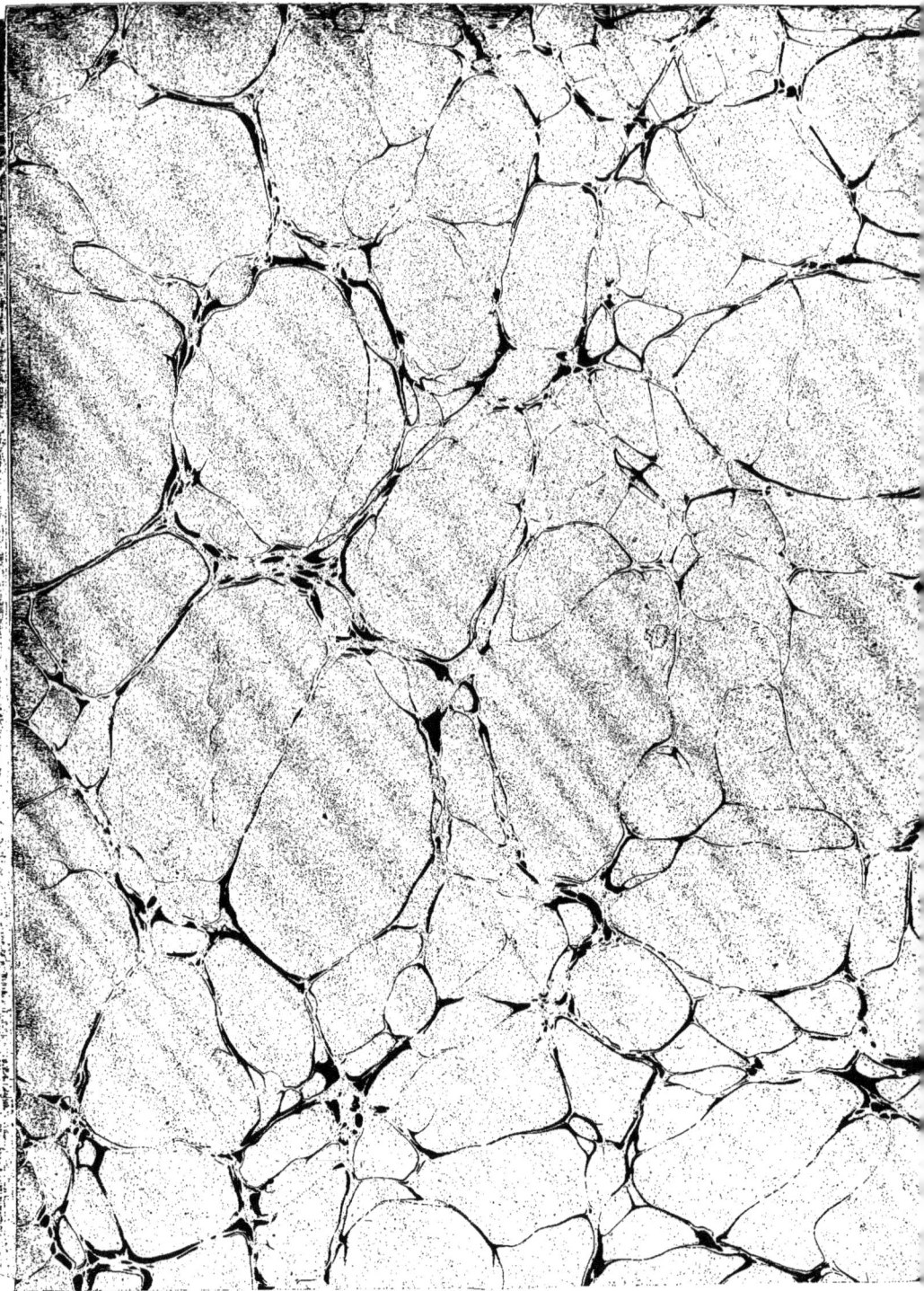

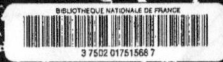

www.ingramcontent.com/pod-product-compliance
Lightning Source LLC
Chambersburg PA
CBHW070511200326
41519CB00013B/2778